친절한 정원 교실

일러두기

1. 재배일정은 지역에 따라 모두 달라요.
   각 지자체 농업기술센터나 인터넷에서 검색하여 결정해야 합니다.
2. 만들기, 해보기는 꼭 부모님이나 어른들과 함께 하세요.

친절한 정원 교실

글 은네 캐제르, 나타샤 셰이도하우어 | 그림 로랑 우두앵, 코린 댈레트라즈, 안 에두, 빠자맹 플뢰, 노엘 구이앙, 장 그로솜, 나탈리 로쿠스트, 장 폴르도 세네 | 옮긴이 박윤희

 북스힐

Copain des jardins

Written by Natacha Scheidhauer, Renée Kayser

Illustrated by Benjamin Flouw

Copain des jardins © Éditions Milan, France, 2019

© 2024, Book's Hill. For the Korean edition

전자책

발행일 : 2024년 9월 25일

정가 : 16,000원

ISBN : 979-11-5971-625-6 (05520)

친절한 정원 교실

초판 인쇄 2026년 3월 20일

초판 발행 2026년 3월 25일

글 르네 케제르, 나타샤 샤이드하우어

그림 로랑 오두앵, 코린 델레트라즈, 안 에두,
　　　뱅자맹 플루, 노엘 구이우, 장 그로송,
　　　나탈리 로코스트, 장 클로도 세네

옮긴이 박효은

펴낸이 조승식

펴낸곳 도서출판 북스힐

등록 1998년 7월 28일 제22-457호

주소 서울시 강북구 한천로 153길 17

전화 02-994-0071

팩스 02-994-0073

인스타그램 @bookshill_official

블로그 blog.naver.com/booksgogo

이메일 bookshill@bookshill.com

값 20,000원

ISBN 979-11-5971-749-9

역자 박효은

프랑스어를 한국어로, 한국어를 프랑스로 옮기는 일을 한다. 현재는 바른번역에서 번역 작업을 이어가고 있다. 옮긴 책으로 『바보의 세계』, 『오징어 게임 심리학』, 『지옥』, 『숲속의 철학자』, 『세상 친절한 이슬람 역사』, 『시베리아의 숲에서』, 『평범하여 찬란한 삶을 향한 찬사』, 『철학의 쓸모』 등이 있다.

차례

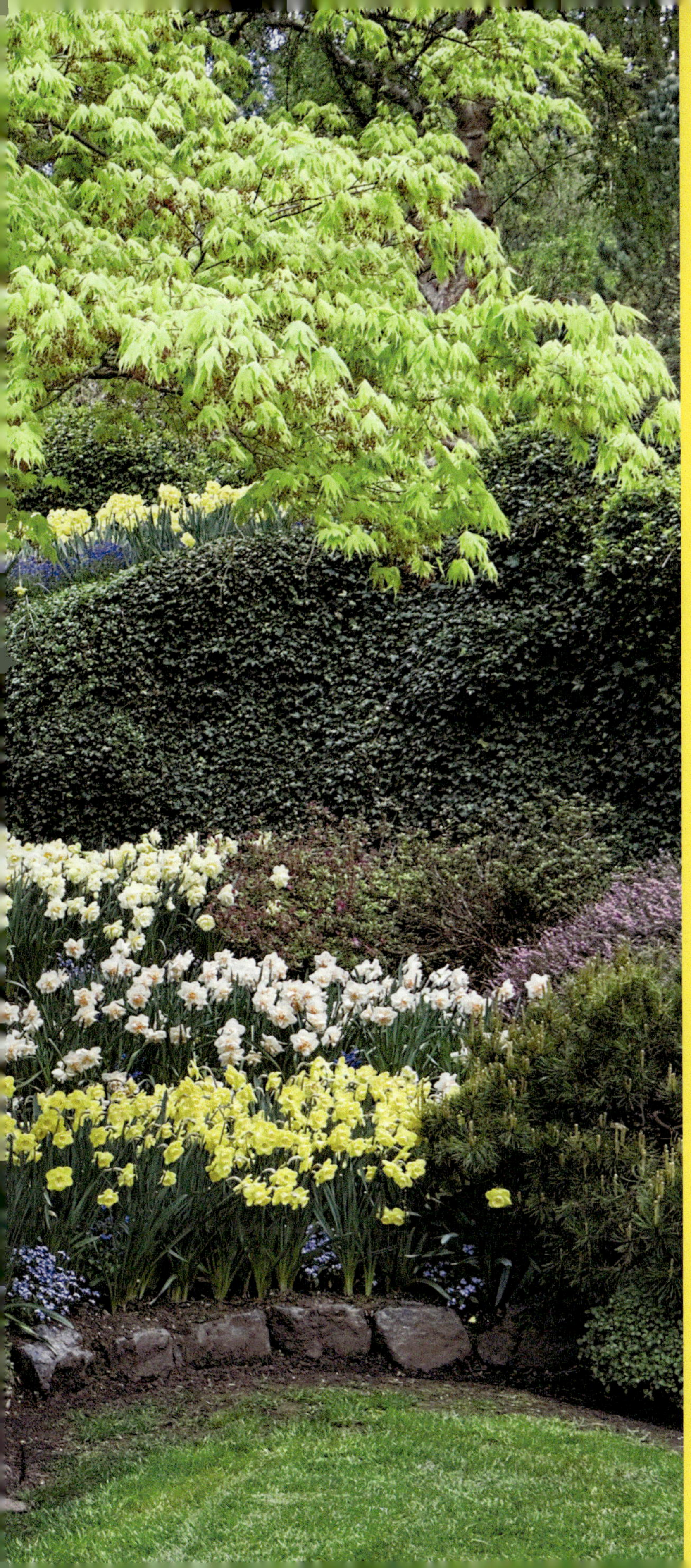

노란 수선화를 드문드문 심어도 좋고 형태를 만들어서 무리 지어 심어도 좋아요. 우리가 원하는 대로 정원을 꾸며 봐요!

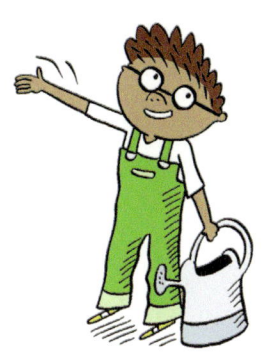

많고 많은 정원들

어려울 것 없어요. 정원을 가꾸다 보면 우리는 어느새 정원사가 되어 있을 거예요! 그런데 노력의 결실을 맛보려면 참고 기다릴 줄도 알아야 해요. 땅의 크기는 중요하지 않아요. 나만의 정원을 가꿀 수 있는 방법은 무궁무진하니까요.

들꽃부터 시작해요

풀밭에, 길가에, 들판에, 산에 핀 꽃들을 봐요. 그 꽃들은 정원사가 도와주지 않는데도 쑥쑥 자라나요. 꽃들 모양과 색깔이 얼마나 아름다운지 봐요. 그리고 우리도 그런 꽃들을 한번 키워보는 건 어떨까요?

씨앗 채집하기

씨앗 채집하기

씨앗들이 너무 여물면 채집하기가 어려워요. 여문 씨앗들은 안타깝게도 땅바닥으로 떨어지거나 바람에 날려가거든요. 그러니까 평소에 관심이 가는 식물들을 골라서 잘 살펴보아야 해요. 꽃과 씨앗이 한 줄기 위에 같이 있는 경우가 많아요. 그러니 자신의 운을 믿어 봐요. 씨앗을 채집하려면 꽃에서 일어나는 일들을 잘 살펴봐야 해요. 그리고 꽃 두 송이에서 채집한 씨앗이면 나만의 정원을 가꾸기에 충분할 거예요.

작은이랑 만들기

이제 씨앗을 심으려면 땅을 띠 모양으로 두둑하게 쌓아야 해요. 그러니까 대략 넓이 50cm, 높이 20cm, 길이 2.5m 정도의 기다란 작은 이랑을 만드는 거죠. 흙이 고우면 호미 하나만 있어도 충분히 고를 수 있어요. 이랑의 흙을 반 정도 쌓으면 약간 깊은 홈을 파서 채집한 씨앗들을 거기에 심으면 되요. 똑같은 방식으로 이랑의 홈에 씨앗들을 심고 아주 살짝 흙을 덮어줘요. 그리고 새싹이 나올 때까지 물을 주기만 하면 돼요.

작은이랑 만들기

잡초 뽑기

새싹이 나온 다음에는 물을 많이 줄 필요가 없어요. 그런 식물들은 하늘에서 내리는 비를 맞는 것으로도 충분하니까요. 하지만 잡초는 꼭 뽑아줘야 해요. 꽃들과 가까이 있는 잡초들은 우리가 심어놓은 꽃들 성장을 방해하거든요. 그 꽃들은 내 정원에 초대받은 거니 잘 대접해 줘야겠지요?

어떤 꽃이 좋을까요?

내가 사는 동네에서 자라는 꽃들도 좋고
내가 좋아하는 꽃들을 선택해도 좋아요.
수레국화, 방가지똥, 패랭이꽃, 캐모마일 등등
종류는 많아요. 또 방학 때 놀러갔던 곳에서
가져온 꽃들을 심을 수도 있고요. 그 꽃들이
우리집에서는 잘 자라는지 아닌지 알 수 있을
거예요. 이랑의 홈에는 습한 곳에서 채집한
꽃들을 심어요. 이를테면 앵초, 데이지, 물망초
같은 꽃들이요. 반대로 이랑의 비탈면에는
초롱꽃, 개양귀비, 마가렛같이 건조한 곳에서
채집한 꽃들을 심어요.

방가지똥
패랭이꽃
캐모마일
개양귀비
수레국화

예술적으로 구성해요

멋진 그림을 그린다고
생각하면서 꽃들로 정원을
재미있게 꾸며볼까요? 이랑
한쪽은 개양귀비를 심어서
붉은색으로 만들고 또 다른
쪽은 마가렛을 심어서 하얗게
만드는 거예요. 또 다음 이랑
한쪽은 매발톱꽃을 심고 다른
한쪽은 수레국화를 심어서 온통
파랗게 만들어도 좋을 거예요.
그리고 마지막 이랑에는 가지고
있는 온갖 꽃들을 모두 섞어서
심어보는 거예요. 모든 꽃들이
같은 시기에 피지 않는다는 거,
잊어버리지 말고요. 계속 하다
보면 어떻게 가꾸어야 할지
감이 올 거예요.

붉은색, 푸른색 들꽃들을 봐요. 그냥 볼
때와 다르게 꽃들을 잘 심으면 정원은
훨씬 아름다워질 거예요.

나만의 초록공간을 꾸며요

이랑도 만들었고 잡초도 뽑았어요. 꼭 필요한 일이었고 우리도 재미있게 해냈어요. 하지만 나의 정원을 꿈꾸는 공간으로도 꾸밀 수 있어요. 우리는 두 종류 공간을 만들어 볼 거예요. 하나는 풍경을 바라보는 공간, 하나는 혼자 있을 수 있는 공간이죠.

나만의 바람 정원 꾸미기

바람에 돌고 도는 바람개비를 만들어 볼까요? 바람개비를 돋보이게 하려면 키가 작은 꽃들이 고루고루 피어있는 땅 위에 세우는 게 좋아요. 먼저 꽃 색깔을 정하고 계절에 따라 취향대로 팬지, 백일홍, 숫잔대, 봉숭아 같은 꽃들을 심으면 돼요.

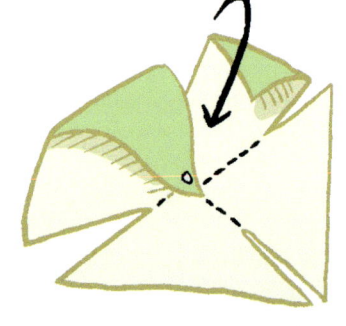

· 부드러운 방수종이
· 가는 핀
· 잔가지

1. 방수종이를 준비하고 가로 20cm × 세로 20cm의 사각형으로 종이를 잘라주세요.

2. 종이 위에 대각선으로 선을 두 개 긋고 그 선을 따라서 10cm씩만 오려주세요.

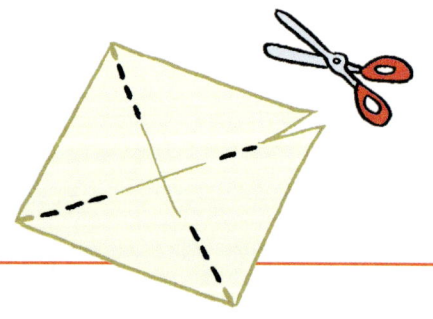

3. 종이를 접지 말고 네 귀퉁이를 안으로 모아주세요. 그리고 단단한 지지대 위에 접은 종이를 올리고 핀으로 가운데를 고정시켜주세요. 지지대는 막대기를 써도 되지만 길이가 각자 다른 곧게 뻗은 나뭇가지들을 사용해서 수평으로, 수직으로 땅에 고정시키면 더 예쁠 거예요.

4. 아, 이건 물론 여름을 위한 정원꾸미기예요. 바람개비 앞에 앉아서 그저 바람개비가 돌아가는 것을 바라보기만 해도 좋고, 마음이 차분히 가라앉는 걸 느껴보는 것도 좋을 거예요.

나만의 꽃 텐트 만들기

정원이 꽤 넓다면 우리는 나만의 작은 오두막을 짓고 싶어질 거예요. 하지만 부모님은 애써 일군 아름다운 정원에 잡다한 재료로 만든 어설픈 건축물이 있는 걸 원치 않으시겠죠? 그러니까 부모님께 잎사귀와 꽃으로 꾸민 나만의 티피 텐트를 만들겠다고 말씀드려 보면 어떨까요?

• 대나무
• 가는 끈

1. 땅바닥에 지름 2m 원을 그리고 그 원을 따라서 얕게 구덩이를 파요.

2. 물이 빠질 수 있도록 구덩이 밑에 자갈이나 모래를 깔고 원을 만들 때 파낸 흙을 다시 채워주세요. 그리고 땅을 다져주세요.

3. 원 위에 드나들 수 있는 공간을 남겨두고 30cm 간격으로 대나무나 각목(높이 2.40m)을 6~8개 정도 심어주세요. 바람이 불어도 흔들리지 않게 대나무를 땅 속 20cm까지 깊숙이 심어야 해요.

4. 맨 꼭대기에서 25cm 내려와서 대나무들을 묶어주세요.

5. 땅에서부터 각각 40cm, 80cm 높이에 식물들이 잡을 수 있도록 가는 끈으로 대나무들을 둥글게 연결해주세요.

6. 대나무 맨 아래쪽에 덩굴식물을 심어주세요. 나팔꽃 하나만 심어도 되고 강낭콩을 섞어서 심어도 좋겠죠? 텐트를 타고 올라갈 수 있는 식물을 직접 골라도 돼요. 박덩쿨을 심을 수도 있고 여러 가지 호박류 식물들을 심을 수도 있고요. 잎사귀와 꽃뿐만 아니라 신기하고 알록달록한 색깔의 열매들을 함께 심어도 좋을 거예요.

꿀팁

대나무나 각목이 썩지 않고 오랫동안 잘 버티게 하려면 텐트를 만들기 전에 오일스텐을 두 번 정도 칠한 후 사용하세요.

정원 한 귀퉁이에 화단 만들기

이제 정원에 여러 가지 색깔을 칠해볼까요? 나에게 주어진 정원 한 귀퉁이에 화단을 만들어 보는 거예요. 돌과 바위를 이용한 바위정원, 바른네모꼴 여름화단, 띠모양 화단, 사계절 화단을 만들면 우리의 작은 정원은 한층 더 아름다워질 거예요.

바위정원은 진짜로 산에 와 있는 것 같은 기분을 느끼게 해 줄 거예요.

바위정원 만들기

비탈면, 자갈, 바위 같은 것들을 정원에 잘 배치한 다음 들판이나 산에서 채취한 야생식물들로 바위정원을 꾸며요. 우선 흙으로 작은 언덕을 만들어요. 맨 밑에는 자갈을 깔아야 하니 그만큼 흙을 파주세요. 자갈은 바위정원 배수(물빠짐)를 담당하게 될 거예요. 그다음 정원용 상토 20% 정도를 섞은 부식토를 충분히 쌓아 언덕 모양을 만들어요.

식물 배치하기

이제 바위정원에 심을 식물들을 선택해요. 정원에 바로 파종을 하거나 모종을 구해서 심어도 돼요. 아니면 산책을 하다가 발견한 야생화를 뿌리째 채취해서 정원에 옮겨 심어도 되고요. 그렇지만 보호종이나 자연보호구역에 있는 식물들은 함부로 건드리면 안돼요! 건조한 곳을 좋아하는 식물들은 정원 위쪽에, 습기를 좋아하는 식물들은 정원 아래쪽에 심어요. 식물들끼리 서로 엉키지 않도록 가끔씩 식물들을 정리해주고요. 다른 정원들처럼 잡초를 뽑아주고 때 맞춰 물을 주는 것도 잊지 말아요.

바위정원 언덕을 꾸며 봐요

자연에서 구한 재료들로 정원 언덕을 바위정원으로 꾸며요. 우선 커다란 자갈, 바위 조각, 구멍이 있거나 특이한 돌들, 유목(바닷가나 강가에서 물에 잠겨있던 색이 바랜 나뭇가지) 등을 모아서 예쁜 재료들로 바위정원을 꾸며 봐요.

상록바위솔

벌개미취

아르메리아

매발톱

바위정원에 어울리는 식물들

바른네모꼴 여름화단

하루 종일 해가 들어오는 곳에 가로 2m × 세로 2m 크기 화단을 만들 거예요. 여름 내 햇볕을 받을 수 있는 화단을 만들려면 때를 잘 맞춰야 해요. 너무 일찍 시작할 필요는 없어요. 4월 말에 화단을 만들면 꽃들은 꽃샘추위를 견디지 못할 거예요. 씨앗을 심기 전에 호미로 땅을 골라주고 복합비료를 조금 뿌려주세요(1m²당 40g).

꿀팁

해바라기를 볼 수 있는 기간은 5주 정도로 그리 길지 않아요. 그래서 해바라기 키가 충분히 커지면(60cm) 해바라기 밑동 주변에 한련화를 심어주면 좋아요. 해바라기가 지고 나면 한련화가 피어날 테니까요. 그 다음엔 해바라기 시든 꽃과 잎사귀를 제거해주기만 하면 돼요.

꽃심기

우선 맨 뒤쪽에 해바라기 씨앗을 심어주세요. 그리고 그 앞쪽으로 다른 씨앗들을 심어주세요. 이때 씨앗을 심은 곳을 밟지 않도록 조심해요. 미리 한 부분을 생각해 둔 다음, 그 부분에는 밝은색 꽃이 피는 씨앗을 심고 나중에 꽃대가 올라왔을 때 포인트가 될 수 있도록 구성해주세요. 씨앗을 심고 50일이 지나면 화단에 꽃이 필 거예요. 프렌치 메리골드와 메리골드는 여름 내 꽃이 필 것이고 서리가 내리기 전까지 꽃을 보여줄 거예요.

해바라기(1.2~2m)

주황색 메리골드 (80cm)

노란색 메리골드 (80cm)

흰색 제라늄으로 화단에 포인트 주기

프렌치 메리골드 (25cm)

세 가지 꽃으로 띠 모양 화단 만들기

집 주변이나 작은 오솔길 아니면 잔디밭 가장자리에 아이리스, 양귀비꽃,
작약을 띠 모양으로 심어서 화단을 만들어 봐요. 그러면 봄에 알록달록
예쁜 꽃들을 볼 수 있을 거예요. 화단을 새로 만들어도 좋고 원래 있던 화단
모양을 바꿔도 좋아요. 어쨌든 4월이 되면 대략 가로 6m × 세로 50cm로
흙을 도톰하게 쌓아 화단을 준비해요. 이때 삽으로 흙을 골라주고 퇴비를
뿌려 흙에 영양분을 주세요. 한 달 정도가 지나면 흙에 복합비료를 조금
섞어주세요(1m²당 40g 정도). 우리가 심은 꽃들은 다음 해에 멋지게 피어나니
인내심을 갖고 기다려야 해요! 한번 꽃이 피기만 하면 우리가 심은 꽃들을
다시 심지 않아도 매년 또 다시 피어날 거예요.

화단에서는 5월부터 한
달 동안 붉은색, 분홍색,
보라색이 어우러진
환상적인 꽃들이 피어날
거예요.

꽃들을 언제 심으면 좋을까요?

- 7월에는 아이리스를 심어요. 아이리스 세 본을 함께 심되
25cm의 간격을 두고 심어요. 아이리스 다발 간격은 1m로 해주세요.
- 9월에는 작약을 1.5m 간격으로 심어요.
- 10월에는 양귀비꽃을 심어요. 세 다발로 만든 양귀비꽃을 아이리스와 작약 사이에
심어요. 양귀비꽃을 피우려면 6월에 씨앗을 밭아상자에 넣고 싹을 틔워야 해요. 꽃을 심은
첫해에는 화단에 꽃들이 가득차지 않으니 몇 해 동안은 세 꽃들 사이에 다른 꽃들을 함께
심어주세요(샐비어, 맨드라미, 담배꽃 등).

각각의 꽃은 상하좌우로 25cm의 간격을 두고 심어주세요

50cm

6m

- 아이리스
- 양귀비꽃
- 작약

제철 꽃다발 만들기

- 봄 꽃다발: 튤립, 아네모네, 캄파눌라, 금어초, 작약, 수선화, 에레무루스, 알리움
- 여름 꽃다발: 금어초, 줄맨드라미, 백일홍, 석죽, 델피늄, 달리아, 백합, 아가판서스
- 가을 꽃다발: 해바라기, 과꽃, 알스트로메리아, 안개꽃, 벌개미취

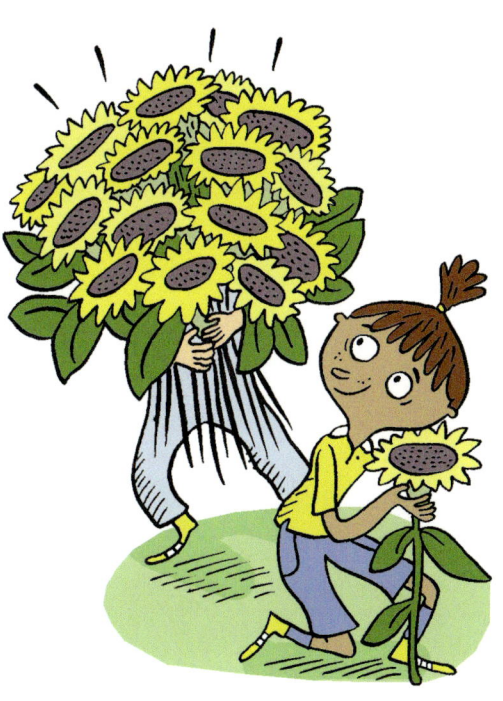

꽃다발을 만들어 볼까요?

정원에 아름답게 피어있는 꽃들은 꺾어서는 안 되겠죠. 그 꽃들이 멋진 정원을 만드니까요. 그렇지만 집안에도 꽃을 꽂아 둔다면 집안 분위기가 훨씬 좋아질 거예요. 그럼 어떻게 해야 할까요? 정원 한쪽에 꽃다발을 위한 꽃밭을 만들면 되죠. 봄에서 가을까지 꽃다발을 만들 수 있는 꽃밭은 5~10m^2의 크기면 충분해요. 그러니 꽃다발을 만들기 위한 꽃밭을 가꿔보는 건 어떨까요? 그리고 그 꽃을 매주 집안에 한아름씩 꽂아두는 일도 우리가 직접 해보는 거예요.

꽃다발용 꽃을 심으면 한해 내내 멋진 꽃다발을 만들 수 있어요.

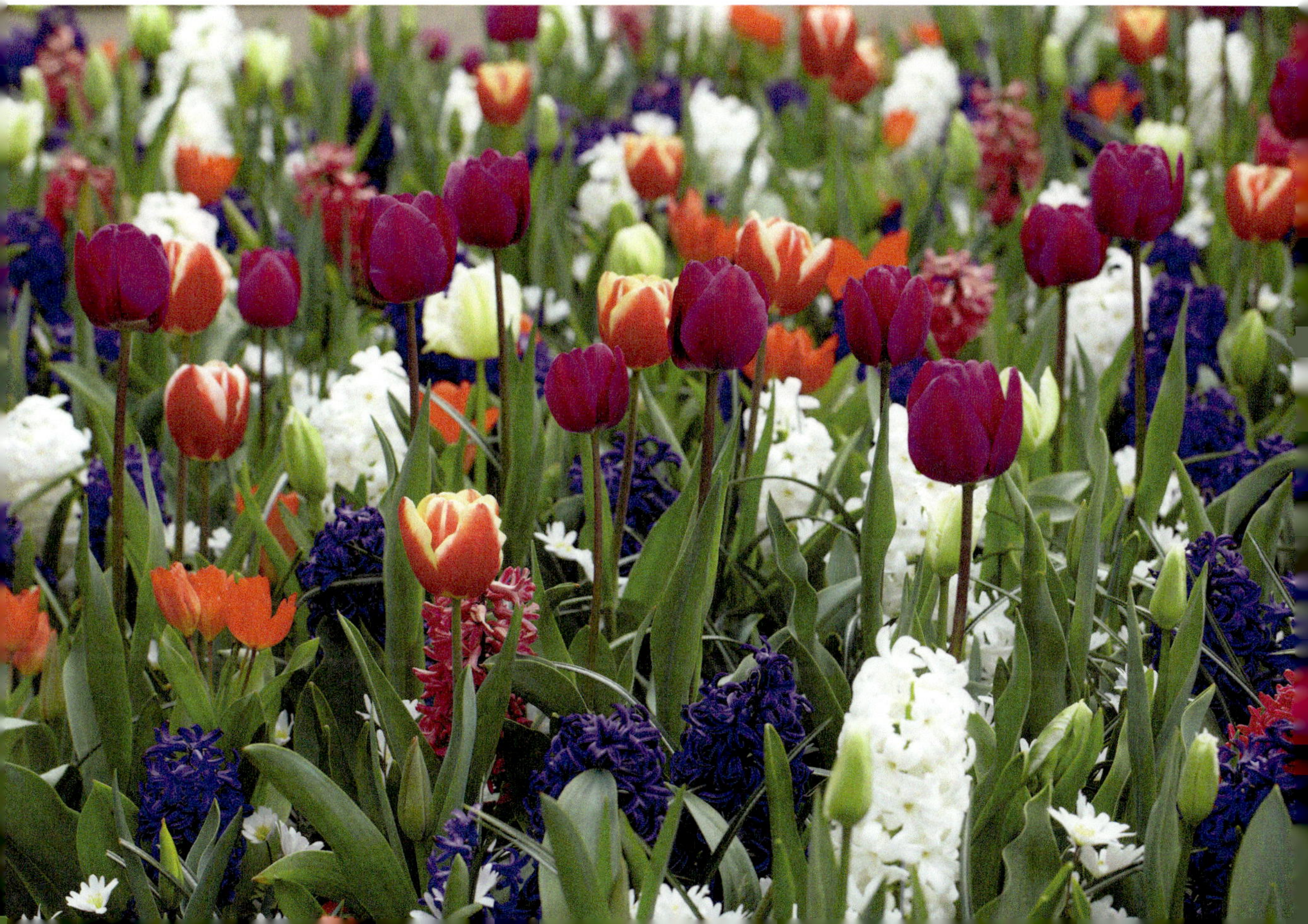

사계절 화단 만들기

사계절 화단을 만들기 위해서는 인내심이 필요해요. 계절이 바뀔 때마다 거의 매달 화단을
가꾸어야 하니까요. 그뿐 아니라 2년 내내 화단을 가꾸는 데 매달려야 해요. 그렇지만 그 결과를
보면 노력할 만한 가치가 있는 일이었다고 깨닫게 될 거예요.

- 흰 고산냉이 2본
- 진빨강색 튤립 17구
- 한련화 씨앗
- 야생화 또는 향기가 진한 꽃의 씨앗
- 진빨강색 히아신스 6구
- 흰색 달리아 5본
- 빨강색 데이지 씨앗

긴 호흡이 필요한 작업

우선 땅을 잘 고르고 흙에 영양분을 충분히 공급해요. 이 화단에서
끊임없이 꽃들이 피어날 테니까요. 지름 1.2m 크기 원 모양 공간을
마련하면 가장 좋아요.

첫 해 가을

10월이 되면 화단 한 가운데에 흰 고산냉이 2본을 심어요. 화단
가장자리에는 분홍색, 크림색, 주황색, 연분홍색 팬지를 심고요.
그리고 진빨강색 히아신스 구근 6구와 줄기가 긴 진빨강색 튤립 구근
17구를 심어요. 꽃을 심을 때는 배치에 신경 써요. 우선 뿌리 부분을 땅
위에 대보고 위치가 적당하다고 생각될 때 땅을 파서 심어요. 이제 봄을
기다리기만 하면 돼요.

고산냉이

팬지

첫 해 봄

3~4월에는 모든 꽃들이 가장 아름답게
피어나요. 그렇지만 이때 다음 해 여름을
준비해야 해요. 5월이나 6월 초에는
팬지를 절반 정도 뽑아주세요(뽑은 팬지는
정원의 다른 쪽에 다시 심어요). 한가운데
심어놓은 고산냉이는 더 자라도록 그냥
두세요. 빈 공간에 흰 달리아 5본을 심어요.
그리고 파종용 화분에 한련화 씨앗을 심어요.
한련화 꽃대가 올라오면 한 다발만 남겨요.
남아있는 팬지를 뽑아내고 그 자리에 한련화를
심어요.

튤립

고산냉이

히아신스

팬지

첫 해 여름

6월 말에서 7월 초에 달리아와 한련화가 피면 서리가 내리기 전까지 꽃들을 볼 수 있답니다. 그렇지만 여기에 만족하고 느긋하면 안돼요. 사람들은 정원을 보며 아름답다고 감탄하겠지만 우리는 다음 일을 생각해야 해요. 발아상자에 빨강색 데이지 씨앗 한 봉지를 파종해요. 7월이 되면 모종포트나 트레이에 발아된 씨앗 50개 정도를 다시 옮겨 심어주세요(10cm 간격으로).

한련화

달리아

고산냉이

이등해 가을

우리가 화단을 가꾼 지도 벌써 일 년이 지났어요. 정원사의 시간은 정말 빠르죠! 얼음이 얼기 시작하면 달리아를 뿌리째 뽑아 겨울 동안 얼지 않게 잘 보관해요. 한련화도 뽑아요. 고산냉이 2본은 뽑아서 분리시키고 화단 둘레에 분산해서 다시 심어요. 데이지는 15~20cm 간격으로 빈 곳에 심어 화단을 채워요. 아 참, 삽질을 하다보면 튤립과 히아신스 구근이 나올 수도 있어요. 그럴 때는 조심스럽게 구근들을 원래 있던 자리에 다시 놔주면 돼요.

이등해 봄

우리가 흘린 땀의 결실을 거둘 시간이에요. 정성껏 심은 데이지, 튤립, 히아신스가 정원을 빛나게 할 거예요. 그 꽃들이 시들기 시작할 때 여름을 준비해요. 고산냉이는 건드리지 말고 삽질해 거름을 주고 호미로 땅을 살살 골라요. 그런 다음 화단 주변에 조금 깊은 고랑 두 개를 파요. 15cm 깊이로 하나는 화단 바깥쪽에, 하나는 화단 안쪽에 파요. 이 고랑에 야생화나 향기 나는 꽃의 씨앗을 심어요. 흙을 잘 덮고 싹이 돋아날 때까지 물을 주세요. 신경 써서 잡초도 뽑고요.

히아신스

고산냉이

데이지

튤립

이등해 여름, 네 번째 결과물

5월과 6월에는 그동안 가꾸었던 꽃들이 만발할 거예요. 화단이 아름다움을 뽐내겠죠. 화단을 가꾸는 정원사도 화단을 자랑스러워 할 거고요!

수직정원 만들기

정원에 화단을 만들 수 있는 공간이 없다고요? 그럼 위로
뻗어나가는 정원을 만들면 어떨까요? 위로 올라가는 텃밭을
만들어도 되고 대나무 지지대를 타고 올라가는 꽃들을 심어도
되고요. 그럼 우리는 분명 특별한 정원을 가질 수 있을 거예요.

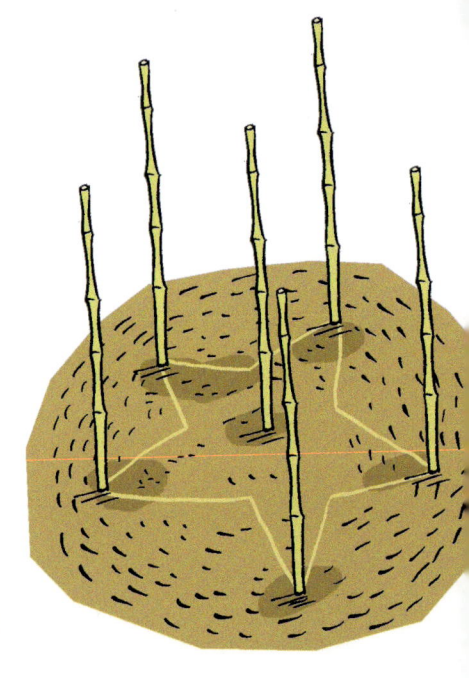

넝쿨화초를 심어요

4월에는 정원에 빈 공간이 생길 거예요. 넓은 공간이 아니어도
돼요. 지름 1.5m 원형이나 가로 1.5m × 세로 1.5m의 사각형
공간이면 충분해요. 이 특별한 정원을 만들기 위해서는 2~3m
높이의 단단하고 긴 대나무를 준비해요. 우선 대나무 하나를
중앙에 놓고 땅속에 꽂아주세요(25~30cm 깊이로). 그리고 중앙에
있는 대나무를 기준으로 별모양을 그리면서 대략 60cm 간격으로
6개 대나무를 땅속에 꽂아요.

씨앗을 심어요

각각의 대나무 밑동 주변에 나팔꽃과 한련화
씨앗을 적당히 심어요. 대나무 사이사이에도
씨앗을 심어요. 심은 씨앗이 10cm 정도
높이로 자라면 각각의 대나무 주변에 20cm
간격으로 두 줄기씩만 남겨요. 그리고 꽃들이
20cm 정도까지 자라면 한 줄기만 남겨요.
그러면 그 꽃들은 계속 위로, 위로 올라갈
거예요. 그리고 필요하다면 줄기들을 묶어
대나무에 고정시켜요. 땅 가까이에서 자라는
한련화는 예쁜 꽃양탄자를 만들 거예요. 그
모든 꽃들이 여름 동안 아름다움을 뽐내겠죠.
우리가 잊지 않고 꽃에 물을 잘 주기만
한다면요!

넝쿨채소를 심어요

아름다울 뿐만 아니라 유용하기까지 한 정원을 만들고 싶다면
방울 토마토를 심어요. 위로 뻗어나가는 방울 토마토는 땅 위에서
넓게 퍼져 자라는 주황색 한련화와 무척 잘 어울릴 거예요. 화단 한
귀퉁이 공간만 있으면 충분해요. 토마토 기르는 방법은 158~159쪽을
참고해요. 한편 멋스러운 정원을 가꾸는 데 지지대는 눈에 거슬릴
수 있어요. 그러니 지지대는 가능한 눈에 띄지 않는 곳에 세우거나
꽃이나 식물에 자연스럽게 어우러질 수 있게 세워요. 격자무늬
나무판을 지지대로 써도 좋지만 가장 간단한 방법은 대나무를 세우는
거예요. 대나무는 다루기 쉬우면서도 아름다운 정원을 가꿀 수 있게
해준답니다. 대나무가 없으면 다른 지지대도 찾아봐요

한련화

대나무

토마토

1m

각각의 대나무 밑동
주변에 토마토를 심어요.
그리고 25cm 간격으로
씨앗 구멍을 만들어 한련화
씨앗 두세 개를 심어요. 한련화가
자라면 한 줄기만 남겨요.

미니 텃밭을 만들어요

가족 텃밭을 가꾸는 일은 어른들의 몫이죠. 우리는 텃밭에 자주 가보기는 하겠지만 어른들이 하는 일을 지켜보거나 채소들이 자라는 모습을 관찰하기만 할 거예요. 아니면 수확한 채소를 주방에 가져다 놓는 일을 담당하겠죠. 하지만 가끔은 어른들과 함께 텃밭을 가꿔 보는 것은 어떨까요? 언젠가 우리도 나만의 작은 텃밭을 갖게 될지도 모르니까요

내가 가꾸는 텃밭

우선 길이 1.6m × 넓이 0.8m 공간을 마련해요. 우리는 거기에 당근, 순무, 양상추, 완두콩, 딸기를 심고 키울 거예요. 그 정도면 훌륭하지 않나요? 2월에는 삽과 쇠스랑으로 땅을 골라요. 그리고 며칠 동안은 그냥 두고 잡초가 나오기를 기다려요. 선호미로 땅표면을 잘 긁어주면 볕이 좋은 어느 날 잡초들이 모두 사라질 거예요. 그리고 4월에는 30cm 간격으로 줄지어 채소를 심어요.

- 순무 한 줄
- 당근 한 줄
- 양상추 한 줄(20cm 간격으로 심어요)
- 텃밭 한쪽 끝에 완두콩 한 줄기(3cm 간격으로 씨앗을 2개씩 심어요)
- 텃밭 반대편 끝에 딸기나무 여섯 그루

화단 텃밭 만들기

우리는 작은 텃밭을 상상력을 발휘해 독특하게 만들 수 있어요. 직선으로 '심심하게' 식물을 심기보다 화단을 만든다고 생각하고 텃밭을 가꾸는 거죠. 그러려면 색깔과 형태를 먼저 생각해야 할 거예요. 그렇게 텃밭을 꾸며도 수확을 하거나 다른 채소를 심는 데 전혀 지장이 없답니다.

텃밭을 함께 가꾼다면 즐거움도 훨씬 더 커져요!

나를 닮은 텃밭

정원은 정원사를 닮아간답니다. 어떤 사람들은 직선으로 쭉 뻗은 기하학적 형태의 정원을 좋아할 거예요. 그게 바로 프랑스식 정원이에요. 그런 정원은 질서 정연한 풍경을 보여주죠. 반면 어떤 사람들은 정글 같은 정원을 좋아할 수도 있어요. 그런 사람들은 크고 화려한 식물들로 정원을 꾸미겠죠. 중요한 것은 정원을 가꾸며 도전하고 경험하는 것이랍니다. 그렇게 정원은 계속 다른 모습으로 변해갈 거예요. 방학 동안 떠난 여행 중에 얻은 씨앗이나 식물들을 집으로 가져올 수도 있겠죠. 씨앗은 파종을 하고 식물은 정원에 다시 심거나 꺾꽂이를 해준다면 그 식물들이 자라나는 모습을 관찰할 수 있을 거예요.

무엇을 심을까요?

- 3월에는 양상추 네 그루를 심어요.
- 5월에는 양상추 사이에 해바라기 씨앗 다섯 뭉치를 파종해요.
- 4월에는 완두콩 한 줄기를 심어요(지지대를 세워주세요).
- 5월 말에는 토마토 네 그루를 심어요(대나무로 지지대를 세워주세요).
- 5월에는 가운데에 옥수수 네 그루를 심어요(구멍 하나에 씨앗 두 개를 심고 싹이 나면 가장 약한 새싹은 뽑아주세요).

양상추 화단 만들기

아름다움과 실용성이라는 두 마리 토끼를 잡을 수 있는 아이디어가 있어요. 각양각색 양상추로 화단을 꾸미는 거예요. 과정이 조금 복잡할 수는 있지만 누구도 갖지 못한 개성이 드러나는 화단을 가질 수 있어요!

1. 가로 1.5m × 세로 1.5m 크기의 사각형 공간을 마련해요. 가운데 부분이 살짝 도톰하게 올라올 수 있도록 도구를 이용해서 흙을 가운데로 살살 모아요.

2. 호미로 사각형에 대각선을 긋고 왼쪽에서 오른쪽으로 평행선을 두 개 그어요.

3. 평행선을 따라 파놓은 작은 고랑에 양상추 씨앗을 심어요. 가운데에는 초록색 양상추, 그 옆에는 흰색, 붉은색 양상추를 차례로 심어요.

4. 마지막으로 한 귀퉁이 남은 공간에 가느다란 루꼴라와 큰다닥냉이 같은 허브를 심어요.

작은 화분의 매력에 빠져볼까요?

초보 정원사인 우리가 쓸 수 있는 땅이 너무 작고 거칠며 잡초만 무성하다면 어떻게 해야
할까요? 땅이 아닌 화분 안에 작은 정원을 만들면 어떨까요?

어떤 화분을 선택해야 할까요?

우리는 갖가지 형태의 다양한 크기 화분을
구할 수 있어요. 흙으로 만든 토분도 있고
플라스틱으로 만든 화분도 있죠. 토분은 눈에
띄는 곳에 놓으면 공간을 훨씬 더 아름답게 해요.
반면 플라스틱 화분은 가볍고 잘 깨지지도 않죠.
습기를 더 많이 간직하고 있을 수도 있고요.
그러니 계획에 따라 적당한 화분을 선택해요.
식물 크기가 작거나 뿌리가 곧게 뻗는 식물은
깊은 화분에, 뿌리가 옆으로 퍼지는 식물은 넓은
화분에 심는 것이 좋아요. 어떤 화분을 선택하든
너무 작은 것보다는 조금 큰 화분이 좋아요.

화분 소독하기

화분에 식물을 심기 전에 화분을 꼼꼼하게 소독해요.
우선 화분을 솔로 닦아요. 양동이에 물을 가득 담은
다음 락스를 세 방울 정도 풀어요. 양동이에 화분을
넣고 소독이 되도록 하룻밤을 기다려요. 다음 날 화분을
꺼내 통풍이 잘 되고 햇볕이 잘 드는 곳에서 말려요.

예쁜 토분을 활용해요. 토분은 곧게 뻗은 붉은 제라늄 같은
꽃들을 훨씬 더 돋보이게 한답니다.

분갈이흙 만들기

분갈이흙에는 영양분이 풍부하게 들어 있어야 해요. 화분에 심은 식물은 그 안에서만
성장하고 뿌리를 내리기 때문이죠. 분갈이흙은 습기를 잘 흡수하고 전체적으로 축축해야
하므로 다공질 흙을 사용해요. 정원에서 파온 흙 1/3, 펄라이트 1/3, 부식토 1/3 비율로
분갈이흙을 만들면 가장 좋아요. 여기에 약간의 모래와 밥수저로 1숟가락 정도(화분 1개당)
건조퇴비를 섞어주면 더 좋아요! 시중에 판매되는 분갈이용 흙을 구입해서 사용해도 되요.

잎사귀들로 화분을 가릴 수 있는 곳에 화분을 두면 그 식물들이 땅에서부터 자란 것처럼 보일 거예요.

꽃들이 추위에 떨어요!

화분에 심은 식물들은 제 아무리 추위에 강하다
해도 냉해를 입을 수 있어요. 화분에 있는 흙 양이
적어서 뿌리가 얼기 때문이에요. 그래서 화분에
심은 식물들은 겨울에 더욱 신경 써서 보호해야
해요. 할 수 있다면 화분을 박스에 넣고 빈 공간을
신문지로 채우거나 화분 전체를 뽁뽁이로 감싸요.
추위가 지나면 그 식물들이 겨울을 잘 났는지
확인하는 것도 잊지 말고요.

꽃들이 죽었을 땐 어떻게 해야 할까요?

식물도 죽을 수 있어요. 그럴 때는 식물이 왜
죽었는지를 알아봐야 해요. 죽은 식물을 화분에서 꺼내
유심히 관찰해요. 물을 너무 많이 줘서 뿌리가 썩었을
수도 있고, 초록색 이파리에 아주 작은 기생충들이
다닥다닥 붙어 있을 수도 있어요. 죽은 식물은
쓰레기통에 버리거나 불태워요. 그리고 가능한 빨리
다른 식물을 심어요.

추위를 잘 타는 식물들은 따뜻한 곳에 두면 좋아요.
그럼 활짝 핀 꽃들이 작은 실내정원을 만들 거예요.

실내용 화분과 실외용 화분

현관이나 정원에 있는 계단을 하루에도 열두 번씩 오르내리면서도 이 계단에 관심을 갖는 사람은 별로 없어요. 그렇지만 거기에 꽃을 놓는다면 그 계단을 좋아할 수밖에 없을 거예요. 정원을 보면 항아리들이 몇 개 있을 거예요. 가운데가 불룩한 크고 알록달록한 예쁜 항아리들 말이에요. 항아리는 항상 그 자리에 있었지만 우리는 텅 비어있는 그 항아리들에 별 신경을 쓰지 않았죠. 이제 그 항아리를 다시 예쁘게 활용하면 어떨까요?

꽃이 핀 계단

크고 작은 항아리들을 전체적으로 조화롭게 구성해요. 항아리 자체가 장식 일부이니 신중하게 골라야 해요. 항아리를 골랐다면 항아리에 영양분이 풍부한 흙을 채워요. 반은 '분갈이용 부식토'로, 나머지 반은 정원이나 숲에서 채취한 흙을 채워요. 그리고 일주일에 한번 비료를 조금 주고 물을 줘요.

화분에 매일 물주기

집에 있는 계단이 정남향에 위치해 있다면 날씨가 더울 때는 매일 저녁 화분 받침에 물이 찰랑찰랑할 정도로 조금씩 물을 주세요. 밤 동안에 화분 흙이 물을 흡수해 뿌리로 수분을 전달할 거예요! 매주 화분에 물을 주기 전에 물뿌리개에 물에 녹는 비료를 한 줌 정도 섞어주면 좋아요.

무채색 돌계단은 알록달록한 항아리를 더욱 돋보이게 해요.

배가 뚱뚱한 항아리 화분

상상력을 발휘해서 항아리 화분을 어떻게 꾸미면 좋을지 구상해 보고 여러 가지 시도를 해 보세요. 식물을 심어서 화분을 더 돋보이게 해야 하니 식물이 화분을 가려서는 안 되겠죠? 가장 간단한 방법은 화분 한 가운데에 클로로피텀_Chlorophytum_, 그러니까 접란(나비란) 종류를 심는 거예요. 이 식물은 줄기가 빠르게 성장해 화분 옆으로 예쁘게 늘어질 거예요. 조금 이국적인 분위기를 내고 싶은가요? 그러면 모양이 다양한 다육식물이나 푸른색이 있는 바위솔을 심어주세요.

항아리 화분은 그 자체로 그 안에 있는 식물들만큼 정원을 아름답게 해준답니다.

어떤 식물이 좋을까요?

- 항아리 화분을 양지에 놓을 경우: 제라늄, 페튜니아, 한련화, 카모마일을 심으면 좋아요. 보다 특별하게 조합하고 싶다면, 쥐오줌풀, 돌나물, 숫잔대, 쇠비름을 심는 것도 좋겠죠?
- 항아리 화분을 음지에 놓을 경우: 베고니아, 봉숭아, 진달래, 푸크시아, 시클라멘, 백합을 심어주세요. 음지를 좋아하는 식물은 물을 적게 줘요.

미니정원 만들기

항아리 화분에 잡초도, 시든 잎도, 시든 꽃도 없는 잘 가꾸어진 미니정원을 꾸며보면 어떨까요? 그 정원은 하나의 완벽한 작은 표본이 될 거예요. 커다란 토분 항아리 화분에 흙을 다 채울 필요는 없어요. 그럼 나중에 옮기기도 힘들고 깨지기도 쉬우니까요. 그럼 어떻게 해야 할까요? 큰 항아리 화분에 스티로폼으로 채운 뒤 흙을 채우면 좋은 효과를 낼 수 있어요. 그 위에 꽃을 심은 작은 화분을 놓고 부식토를 채운 뒤 주변에 다른 식물들을 심어주세요.

화분을 비스듬히 눕혀요

화분을 벽이나 비탈면에 기대어 반쯤 눕혀 놓으면 어떨까요? 식물들이 자라면서 꽃폭포가 쏟아져 내릴 거예요. 제라늄, 긴병꽃풀, 페튜니아를 섞어서 심으면 정말 아름다워요. 화분을 눕혀 놓으면 배수구멍을 통해 물이 빠져나갈 수 없죠. 제라늄과 페튜니아는 건조함을 잘 견디는 꽃들이니 물을 많이 주면 안돼요. 하지만 조금씩은 물을 줘야 한다는 것 잊지 말아요!

꽃들은 오래된 화분에 새로운 생명력을 불어넣어줘요.

분갈이흙 포대로 정원 만들기

우리 중에는 아파트에 사는 친구들도 있을 거예요. 베란다만이 '정원'으로 쓸 수 있는 유일한 공간이겠죠? 그렇다면 '정원사'가 되기 위해 센스를 발휘해야 해요!

포대를 열거나, 눕히거나, 세워서 베란다 정원을 만들어요

분갈이흙 포대를 완전히 열어서 사용하거나, 경우에 따라서 비닐포대에 흙을 3/4 정도 채워서 사용해도 좋아요. 그런 다음 포대에 바로 씨앗이나 식물을 심으면 돼요. 이때 물빠짐을 위해서 포대 밑에 구멍을 뚫어 줘야 해요. 포대를 세운 상태에서 애호박 모종 1개, 감자 모종2개, 또는 아티초크 모종 1개를 심어요. 꽃을 좋아한다면 백합 구근 4개를 심어도 좋아요.

포대를 뜯지 않고 바닥에 눕혀 정원을 만들어요

분갈이흙 포대를 바닥에 평평하게 눕혀요. 그리고 배수를 위해 포대 아래쪽 네 귀퉁이에 작은 구멍을 뚫어요. 위쪽에는 식물이나 씨앗을 심을 수 있도록 10cm로 십자모양 홈을 파요. 이제 포대를 바닥에 눕혀놓고 채소를 심어요. 토마토 세 그루를 심어도 좋고 가지나 고추를 심어도 좋아요. 아니면 양상추 모종 8개를 심어도 좋고요. 꽃을 좋아한다면 팬지나 한련화 같이 키가 작은 꽃들을 심거나 씨앗을 심어요. 과일을 좋아하면 딸기 6그루를 심어도 좋고요.

냉해를 조심해요!

겨울이 되면 추위 때문에 포대에 있는 흙 전체가 얼 수 있어요. 신문지로 포대를 잘 감싸요.

페튜니아는 공중에
걸었을 때 더욱 돋보이는
꽃이에요.

공중 정원

간단하게 바구니 하나만 걸어놓아도 충분히 멋진 정원을 만들 수 있어요. 바구니를 걸 만한 공간이 있다면 길이가 다른 두세 개 바구니를 나란히 걸어 두기만 해도 정말 멋진 정원이 된답니다. 우리집을 방문하는 손님들이 대문 근처에 걸어둔 꽃들을 본다면 저절로 미소를 지을 거예요. 햇볕이 잘 드는 곳에 바구니를 걸어둔다면 아이비제라늄, 덩굴성 작은 한련화, 숫잔대, 비덴스, 페튜니아, 다이아시아, 누운숫잔대(부채꽃)를 심어요. 햇볕이 잘 들지 않는 곳에 바구니를 걸어둔다면 푸크시아, 봉숭아, 숫잔대, 베고니아, 오니소갈룸, 무늬아이비, 무늬접란, 스킨답서스 등을 심으면 좋아요.

나만의 바구니 정원을 만들어요

바구니에는 어린 식물들을 심는 게 좋아요. 그래야 바구니 안에서 뿌리를 잘 내리고 무럭무럭 자랄 수 있어요.

 • 플라스틱 바구니 안에 철사 골조가 짜여 있어 공중에 걸 수 있는 바구니
• 이끼(건조이끼 또는 인조이끼)

1. 바구니 밑바닥에 1cm 두께로 이끼를 깔아요. 펄라이트, 버미큘라이트(질석), 석탄 약간, 으깬 나무, 그리고 퇴비를 두세 줌 섞은 분갈이흙을 준비해요.

2. 바구니 아래쪽에서부터 식물을 심어요. 이때 안쪽에서 바깥쪽으로 심어요. 식물을 잘 잡고 분갈이흙을 조금씩 바구니에 깔아요.

3. 식물을 제자리에 심고 분갈이흙을 다 채웠으면 바구니 가운데를 파요. 플라스틱 컵을 흙 높이 정도 잘라 옆면에 군데군데 구멍을 뚫어서 흙속에 반쯤 묻어요.

4. 이 물받이를 통해서 매일매일 식물들에게 물을 공급할 거예요. 일주일에 한번은 비료 섞은 물을 주면 좋아요.

식물을 모아볼까요?

무언가 모으는 것을 좋아하나요? 어떤
사람들은 우표를 수집할 거고, 또 어떤
사람들은 조약돌을 수집하겠죠? 정원에
식물을 수집하는 것은 어떨까요? 생명력이
넘치는 아주 흥미로운 수집이 될 거예요.

일단 시도해요

식물 수집은 어렵지는 않지만 모든 수집이
그렇듯 인내심과 끈기를 필요로 해요.
그렇지만 우리에게는 이미 인내심과 끈기가
생겼을 거예요. 정원을 가꾸어 본 경험이
있으니까요. 그럼 같은 종류 식물들을
모아보면 어떨까요? 알다시피 각각의
식물에는 다양한 품종이 있으니까요.

생명력이 강한 선인장과 식물들은 수집하기에 최고 식물이라 할 수
있어요. 다만 가시에 찔리지 않게 조심해요!

물은 조금만 주세요

선인장과 다육식물과 식물들은 여름에는 일주일에
한 번 정도만 물을 줘야 해요. 겨울에는 식물이
말라죽지 않을 정도로만 물을 주고요. 또 식물들이
정원 흙에 있다면 물을 아예 주지 않아도 된답니다.

다육식물과 선인장

어떤 식물이든 수집할 수는
있겠지만 사계절 내내 오랫동안
정원을 아름답게 빛내줄 식물을
고르는 게 좋을 거예요. 가장
수집하기 수월한 식물은 세덤과
꿩의 비름 같은 다육식물이에요.
선인장과의 식물들도 수집하기에
좋은 식물이고요(단, 가시를
조심해요!). 아니면 바위솔 종류를
수집해도 좋답니다.

텍토룸
상록바위솔

몬타눔
상록바위솔

특이한 식물들 찾아보기

우리가 가지고 있는 식물에서 시작해 원예매장을 수시로 드나들며 맘에 드는 식물들을 찾아보세요. 특이한 식물들을 파는 전시매장을 가보는 것이 좋아요. 그러다 보면 우리를 기꺼이 도와주고 정보를 줄 전문가 선생님을 만나게 될 거예요.

이 통통한 작은 식물들은 초록색으로 칠한 근사한 그림 같아 보여요.

다양한 크기와 색깔의 상록바위솔을 심어보면 좋을 거예요.

각종 다육식물을 모아 봐요

자연에도 수많은 종류의 다육식물이 있지만 정원에서 예쁘게 키워보는 것도 좋을 거예요. 다육식물은 손이 많이 가지 않는 식물이기 때문에 초보 정원사에게 정말 많은 도움을 준답니다. 야생이나 오래된 집의 지붕 위에서 쑥쑥 자라나는 다육식물만 봐도 이 식물이 얼마나 잘 자라는지 알 수 있겠죠?

칼랑코에

거미바위솔

리톱스

크리스마스 정원

이 정원은 조금은 인공적인 정원이에요.
그렇지만 뭐 어떤가요? 이 정원은 크리스마스를 위해
꾸미는 정원이니 오랫동안 보지는 못할 거예요.
산책할 때마다 모아 온 솔방울, 껍질을
벗긴 루나리아(교황의 동전) 그리고
알록달록하게 칠한 예쁜 말린 가지,
지의류, 다양한 종류의 이끼 같은
것들이 이 정원의 '꽃'이 될 거예요.

튼튼한 받침대

정원에 대략 지름 1m 원을 그려요.
땅을 파고 갈퀴질을 해서 가능한
고르게 땅을 볼록하게 만들어요.
한가운데에 소나무를 놓을 거예요.
소나무가 그렇게 크지 않더라도
삼각형으로 대나무 3개를 땅에
꽂고 나무를 지지해요. 이 대나무를
소나무 밑동 쪽에 단단하게 매요.
그래야 12월에 갑자기 강풍이
불어도 소나무가 쓰러지지 않아요.
크리스마스 트리의 경우 소나무,
전나무, 구상나무, 에메랄드그린 등
상록수가 좋아요.

받침대 꾸미기

겨울에도 예쁜 잎을 뽐내는
식물들과 이끼로 소나무 주위를
완전히 덮어요. 살아 있는 식물들이
없다면 인공이끼 등도 좋아요.

예쁘게 꾸민 소나무

소나무에는 크리스마스트리에 늘 걸리는 갖가지 장식들을 걸어요. 금색은색 볼, 갈란드, 반짝이는 알전구까지요. 그렇지만 우리가 모은 보물들로 크리스마스 트리를 더욱 특별하게 꾸며 볼 수도 있을 거예요. 우리가 10월부터 이곳저곳에서 발견하고 모은 작고 예쁜 것들로 말이죠. 그리고 하얀 루나리아와 붉은색 작은 가지들을 수직으로 꽂아 나무 아래쪽도 꾸며요.

호랑가시나무의 초록색은 소나무를, 빨간색은 산타할아버지의 망토를 떠오르게 해요. 크리스마스와 정말로 잘 어울리는 식물이죠!

소소한 파티를 열어요

소나무에 꾸며놓은 장식들은 자라지 않아요. 하지만 이 정원은 우리를 즐겁게 해주고 크리스마스 분위기를 물씬 느끼게 해 줄 거예요. 트리를 꾸밀 때 친구들에게 도움을 구하고 그 친구들을 초대해 작은 파티를 열어보는 것은 어떨까요? 크리스마스 정원 오픈 파티라고나 할까요? 약간의 음료수와 간식거리를 준비하고 음악도 틀어두면 좋겠죠? 날씨가 너무 추우면 집안에서 파티를 해도 되겠지만 기왕이면 정원에서 하는 것이 좋을 거예요. 대신 우리가 열심히 만든 아름다운 정원 식물들을 밟거나 해치지 않게 조심해야 해요!

눈사람을 만들어요

- 인조이끼
- 비닐봉지
- 인공눈

우리는 크리스마스에 눈이 올지, 안 올지 알 수가 없어요. 그런데도 트리 근처에 눈사람이 있다면 사람들이 정말로 놀라겠죠? 시중에서 파는 눈 스프레이로 가짜 눈사람을 만들어 봐요.

1. 크기가 다른 비닐봉지 2개에 뽁뽁이나 인조이끼뭉치를 채워주세요. 작은 봉지는 머리가 될 거고 큰 봉지는 몸통이 될 거예요.

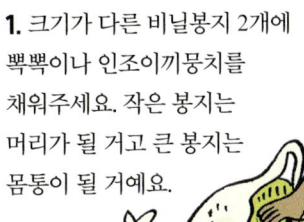

2. 땅에 박아놓은 말뚝에 머리와 몸통을 꽂아주세요.

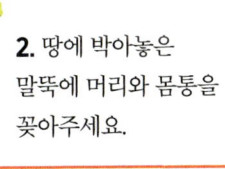

3. 동그랗게 만든 비닐봉지 위에 인공 눈을 뿌려주세요. 그리고 눈사람을 만들 때 필요한 모든 장식을 해주세요. 파이프, 당근, 모자, 목도리, 빗자루까지요.

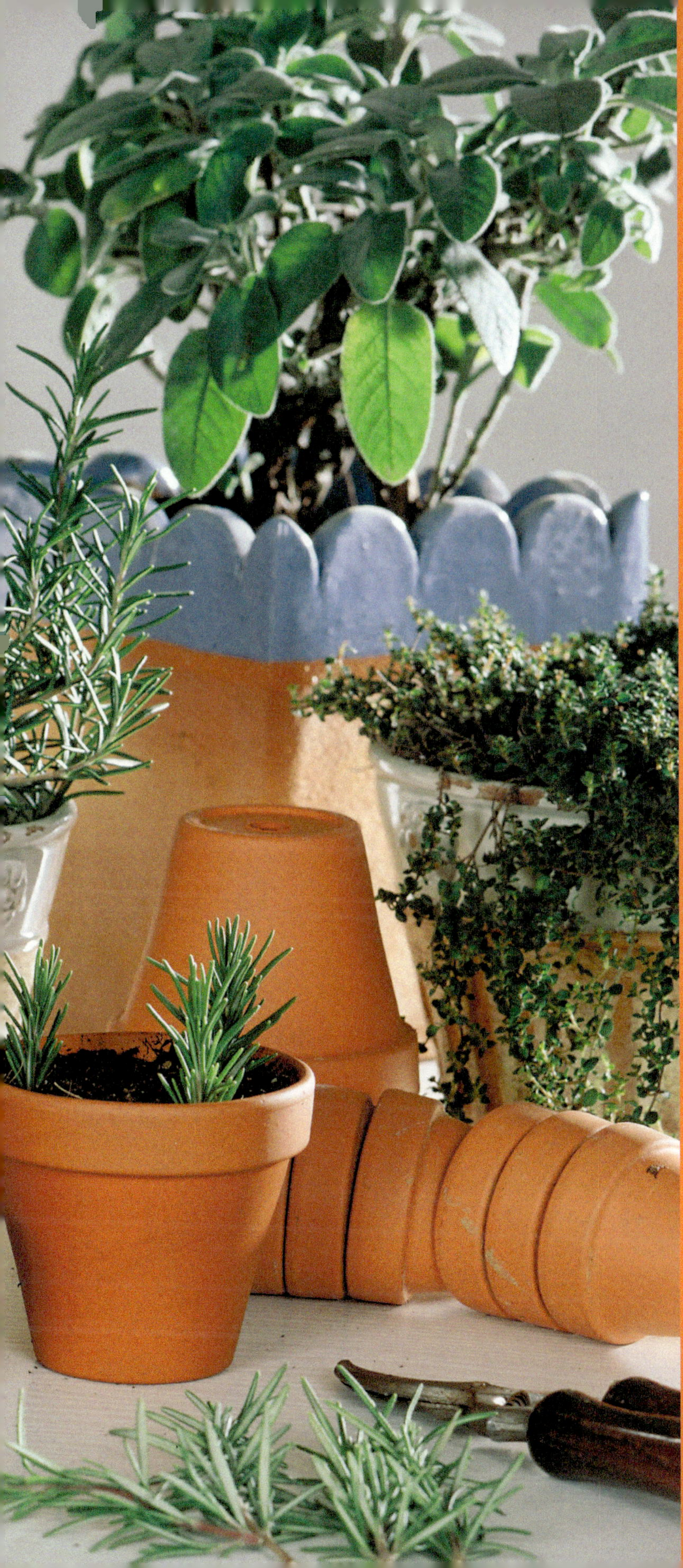

아파트에 살아도 집안에 정원을 꾸미거나 자연을 가까이 둘 수 있는 방법이 있어요.

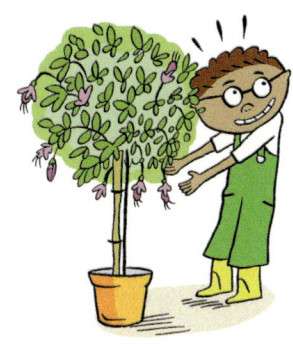

집 안에 정원 꾸미기

꽃다발이나 화초 또는 초록식물이 있다면 집안에서도 자연을 느낄 수 있어요. 이런 식물들은 집안을 밝고 화사하게 만들어주죠. 게다가 겨울에 정원에서는 절대 피지 않는 꽃들이 집안에서는 활짝 피어나기도 해요.

식물에게 애정을 주세요

집안에 있는 가장 여린 식물을 아름답게 유지하려면 세심하게 보살펴야 해요. 집안은 식물이 좋아하는 환경이 아니에요. 계절도, 비도, 바람도, 태양도 더 이상은 느낄 수가 없으니까요. 그러니 식물이 집안에 잘 적응할 수 있도록 도와주고 애정을 쏟아야 해요.

알맞은 자리 찾아주기

식물들은 환경이 자주 바뀌면 잘 적응하지 못해요. 식물을 놓을 자리를 정할 때는 이곳저곳에 놓아본 후 가장 알맞은 자리를 찾아요. 자리를 정했다면 식물의 모든 부분이 골고루 햇볕을 받을 수 있도록 때때로 화분을 돌려야 해요. 식물 자리를 정할 때는 두 가지를 기억해요. 우선 햇볕을 충분히 받을 수 있는 따뜻한 곳이어야 해요. 식물 형태가 가장 아름답게 보일 수 있는 곳이어야 하고요. 어떤 식물들은 그늘을 좋아하고 어떤 식물들을 햇볕을 좋아하지만 너무 강한 햇볕은 피하는 것이 좋아요.

바람 쏘여주기

식물들은 호흡을 해요. 날씨가 좋을 때 창문을 여는 것만으로는 충분하지 않아요. 그래서 봄에는 식물들을 바깥에 내놓는 것이 좋아요. 단, 바깥기온이 최소 20도일 때, 그리고 날씨가 좋을 때, 그늘에 내놓아야 해요. 밤 기온이 12도 이하로 내려가지 않을 때는 밤에도 바깥에 내놓아요. 그렇게 식물들이 차츰 햇볕에 적응하게 해주세요. 가을에는 식물들을 다시 집안에 들여야 해요. 식물들이 실내에 적응할 수 있도록 몇 시간 동안 창문을 열어두세요. 겨울에는 어떤 경우에도 식물들을 바깥에 내놓으면 안돼요.

생명력이 강한 식물들!

빛이 없는 곳에서 살아갈 수 있는 식물은 없어요. 하지만 생명력이 강한 식물들은 잎을 떨구고 성장을 멈춘다 해도 죽지는 않는답니다. 이런 식물들은 환경이 좋아지면 다시 성장할 수 있어요.

무화과나무, 난초 등 실내에서 키우는 식물들은 각각의 특성에 맞게 돌봐줘야 해요. 주변 사람들에게 조언을 구해도 좋고 도서관이나 인터넷에서 관련 자료를 찾아보는 것도 좋겠죠.

분갈이하기

우리가 산 작은 식물은 일 년이 지나면 성장을 하고 뿌리도 커져서 더 큰 공간을 필요로 해요. 분갈이는 아주 쉽지만 조금은 세심하게 작업해야 해요. 분갈이를 하는 김에 식물이 건강한지도 살펴봐요.

1. 우선 화분의 가장자리를 톡톡 치면서 화분을 뒤집어 식물을 꺼내요. 뿌리와 흙덩어리를 함께 쏙 빼야 해요.

2. 뿌리를 손질해요. 대개 뿌리는 돌돌 말려있을 거예요. 뿌리 아랫부분은 둥글게 뭉쳐있으니 그 부분을 잘라 다듬어요.

3. 이제 분갈이를 해요. (더 큰) 새 화분의 밑바닥에 굵은 모래(마사토)를 넣고 윗 부분에 분갈이흙을 넣어주세요.

4. 새 화분에 식물을 심고 비어있는 부분에 흙을 넣고 다져주세요.

5. 마지막으로 화분에 물을 주세요.

흙을 바꿔줘요

식물이 더 이상 자라지
않고 꽃도 피지 않을 때가
있어요. 물과 영양분도
제때에 잘 주었고 병에 걸린
것도 아니라면 화분의 흙을
바꿔서 식물이 다시 기운을
차릴 수 있게 해줘요. 우선
화분에서 식물을 꺼내요.
칼로 흙과 뿌리가 엉켜있는
뿌리 아랫부분을 4분의 1정도
잘라요. 화분에 새 흙을 채우고
식물을 다시 화분에 심어요.
물주는 것도 잊지 말고요.
'겉흙'을 바꿔주는 방법도
있어요. 뿌리는 그냥 두고
스푼으로 화분의 겉흙을 4분의
1정도 덜어내요. 그리고 덜어낸
부분에 새 흙을 채워요.

식물의 이파리에도 물을 뿌려주세요

식물을 살려주세요!

좋아하는 식물이 죽은 것 같나요? 그럼 버릴
생각부터 하지 말고 살려보려 노력해야 해요.

· 전지가위
· 양동이

1. 우선 식물의 잎을 모두
제거하고 전지가위로
줄기를 짧게 잘라요.
화분을 양동이에 넣고 그
안에 물을 채워요.

2. 1시간 정도 지나 양동이에서 화분을 꺼내
반그늘에서 '건조'시켜요.
이렇게 매일 2주 동안
화분을 물에 담가요.

3. 그리고 3주 동안
화분을 지켜봐요. 그럼
놀랍게도 식물에서
새잎이 돋아날 거예요.
다시 살아난 거예요! 이제
다시 식물을 잘 돌봐줘요.

하늘에서 내리는 비!

비를 맞게 하는 것이 식물에게 물을 주는 가장 좋은 방법일까요? 도시에서는 오염된 환경을 생각하지 않을 수 없어요. 그러니 비가 온다고 해도 실내에서 키우는 식물들을 바깥에 내놓지 않는 것이 좋아요. 대신 빗물을 양동이에 받아 실내에 두고 미지근해 질 때까지 기다려요. 그리고 대야나 싱크대, 아니면 세면대에 화분을 놓고 물뿌리개에 빗물을 넣은 다음 물을 뿌려요. 식물이 물을 흡수하도록 한 시간 정도 둔 다음, 원래 있던 자리에 화분을 놓아요.

여름휴가를 떠날 때는?

여름휴가 동안 집을 비운다면 식물을 바깥에 내놓도록 해요. 작은 구멍을 뚫은 비닐봉지로 화분을 감싸고 물을 가득 채운 양동이에 담가요. 그러면 화분에 물이 천천히 스며들면서 흙이 촉촉하게 유지된답니다. 보다 확실하게 하려면 여름휴가를 떠나기 며칠 전에 이 방법을 시험해보는 것이 좋겠죠.

물은 화분 높이의 반 정도만 넣어주세요.

화분을 물이 든 양동이에 담가요.

흙이 물을 흡수하도록 비닐봉지에 구멍을 뚫어요.

더 혹독한 방법

집을 오래 비울 때는 화분을 그늘에 놓고 가능하다면 땅에 묻어요. 식물이 에너지를 저장할 수 있도록 꽃과 봉오리를 모두 떼 주고요. 거름도 주지 마세요. 그러면 우리가 집으로 돌아올 때까지 식물은 얌전히 우리를 기다리고 있을 거예요.

화분을 묻은 땅 위에 볏짚이나 나뭇잎을 조금 깔아 흙의 수분을 유지시켜요.

녹색식물 키우기

녹색식물은 조금쯤 신경을 써줘야 하지만 키우기는 어렵지 않아요. 녹색식물은 꽃은 피지 않지만 집안에서 식물이 적응하기 가장 어려운 장소에서도 잘 자라는 편이에요.

스파이더 플랜트

'스파이더 플랜트(나비란 또는 접란)'의 정식명칭은 클로로피텀이에요. 딸기처럼 넝쿨 형태로 자라는 것이 이 식물의 특별한 매력이죠.

식물을 잘 가꾸는 비법

- 식물을 창가에 두고 햇볕을 충분히 받을 수 있게 해주세요. 가능한 동쪽에 놓는 것이 좋아요.
- 식물을 난방기구와 멀리 떨어진 곳에 놓고 실내온도는 18·19도로 유지해요.
- 물을 너무 자주 주지 마세요.
- 화분 겉흙을 손으로 만졌을 때 축축하다면 물을 줄 필요가 없어요.
- 잎의 먼지를 닦아주고 분무기로 물을 뿌려요.
- 시들거나 상한 가지는 잘라주고 필요하다면 지지대를 세워요.

잘 봐요, 클로로피텀 넝쿨은 꼭 거미다리같아요.

쑥쑥 자라는 '어린 줄기들'

스파이더 플랜트 모종을 구입했거나 꺾꽂이 가지를 얻었다면 지름 18cm 크기 화분이나 작은 단지에 심어요. 잘 가꿔주면 '원줄기'에서 나온 여린 잎들이 머지않아 넝쿨을 만들 거예요. 그럼 이 식물을 땅에 심어 뿌리를 내리게 하고 계속 번식시켜요. 집안 높은 곳을 스파이더 플랜트로 꾸며도 좋겠죠. 그럼 줄기들이 아래쪽으로 층층이 자라면서 집안을 근사하게 만들 거예요.

집안을 빛내주는 식물들

무늬달개비와 공작고사리는 눈에 띄는 식물은
아니지만 그냥 지나치지 마세요. 이 식물들은 다른
어떤 식물도 자라지 못하는 집안 한구석을 꾸며주고
휑하게 방치된 공간을 초록빛으로 물들여주니까요.
무늬달개비의 유연한 줄기는 빠르게 자라
아래쪽으로 늘어져요. 휘어진 공작고사리의 섬세한
잎들은 위로 뻗어 나가고요. 두 식물을 똑같은
방식으로 관리해요. 물을 너무 자주 주지 말고
햇볕도 너무 많이 쬐어주지 말아요. 그리고 춥지도
덥지도 않은 곳에 놓아요.

식물에게 말을 걸어요

식물이 말을 알아들을까요? 증명할 수는 없어요. 식물은
그저 싹을 틔우고 꽃을 피우는 것으로 표현하니까요.
하지만 가끔은 식물들에게 이렇게 말해보는 건 어떨까요?
"너 정말 멋지다!" 그럼 식물들이 기뻐할 거예요. 진짜든
아니든 상관없어요! 그렇게 하면서 식물들에게 조금 더
관심을 기울이는 게 중요한 거죠.

함께 심어요

무늬달개비와 공작고사리를 함께 심어보면
어떨까요? 두 식물은 한데 어우러질 때 더 아름답고
높은 곳에 둔다면 금상첨화일 거예요. 공작고사리는
우아하게 위로 뻗으며 자라고 자주달개비의 수많은
줄기는 하늘하늘하게 아래쪽으로 늘어질 테니까요.

분홍색 줄무늬 잎을 가진 얼룩자주달개비*Zebrina pendula*는
자주달개비 중에서도 가장 화려하답니다.

재밌는 놀이

식물로 사람들을 깜빡 속일 수 있어요.
무늬달개비와 공작고사리 밑동에 물을 채운
작은 유리 화병을 놓고 아네모네나 데이지
같은 꽃을 한 두 송이만 꽂아요. 이걸 본
사람들은 녹색 식물에서 꽃이 핀 줄 알고 깜짝
놀랄 거예요.

스킨답서스

초록색 바탕에 노란색 또는 흰색 얼룩무늬가
있는 잎을 뽐내는 스킨답서스를 한곳에 놓아두고
물을 주면 줄기가 무척 빠르게 자라면서
길어지기 시작할 거예요. 높은 계단에 두면
줄기에서 나온 잎들이 예쁘게 늘어지면서 바닥에
닿을 정도로 계속 자라날 거예요. 다만 줄기들이
얽히고설켜 조금은 무질서해 보일 수도 있어요!

벽을 장식해요

스킨답서스를 넉넉한 크기(지름 22cm 정도)의
화분에 심고 벽을 타고 올라가게끔 유도하는
것이 줄기들이 엉키지 않게 하는 가장 좋은
방법이에요. 시침핀을 석고벽에 꽂아 줄기를 그
위에 걸치면 아주 간단하게 줄기를 고정시킬 수
있어요. 아니면 실을 이용해 코바늘뜨기로 사슬을
만들어 줄기를 걸 수도 있고요. 그렇게 해주면
스킨답서스는 우리가 원하는 방향으로 풍성하게
자랄 거예요.

스킨답서스를 아름답게 키우려면
줄기의 방향을 유도해줘야 해요.

투명사슬 만들기

· 낚싯줄
· 코바늘

낚싯줄은 시중에서 쉽게 구할 수 있어요. 하지만
사슬도 식물을 돋보이게 하는 요소이기 때문에
색깔이 있는 실을 사용해도 좋아요. 우선 낚싯줄로
작은 고리를 만들어요. 고리를 엄지와 검지로 잡은
상태에서 줄을 손에 걸고 코바늘을 고리에 넣어주세요.
코바늘의 갈고리에 줄을 걸어 코바늘을 고리 안쪽으로
통과시키며 빼주면 사슬코가 만들어져요. 이렇게
반복해서 뜨면 사슬이 완성된답니다.

물구나무 선 파피루스

파피루스의 학명은 시페루스Cyperus에요. 모종을 사서 키우면 실패할 일은 없을 거예요. 하지만 우리 스스로 모종을 키워보면 더 재미있을 거예요. 우선 물이 가득 찬 유리병에 꺾꽂이한 파피루스 가지를 거꾸로 집어넣고 햇볕이 잘 드는 곳에 놓아요(단, 직사광선은 피해요). 며칠이 지나면 아래쪽에서는 뿌리가, 위쪽에서는 줄기가 자라는 모습을 볼 수 있을 거예요. 뿌리가 3~4cm 정도로 자라면 파피루스를 꺼내 배양토를 넣고 화분에 심어요. 그럼 파피루스는 오래지 않아 멋지게 성장할 거예요.

이렇게 되면 파피루스를 화분에 옮겨 심어요.

몇 주만 기다리면 꺾꽂이 한 파피루스는 어엿한 식물로 멋지게 성장할 거예요.

파피루스는 물을 좋아해요

파피루스는 원래 나일강변과 같은 늪지대에서 자라는 식물이기 때문에 화분의 흙을 촉촉하게 유지시키는 게 좋아요. 화분받침에 물을 채우고 그 위에 파피루스 화분을 놓아두면 간단하게 해결할 수 있답니다.

파피루스가 종이가 되려면

집에 있는 파피루스로 종이를 만들 수 있을까요? 불가능해요. 이집트인들이 종이로 만들었던 파피루스는 다른 품종이기 때문이에요. 키가 3m가 넘고 줄기가 사람 팔뚝만한 그 품종은 나일강변과 삼각주 늪지대에 서식해요. 이집트인들은 이 파피루스 섬유질로 종이를 만들었죠{'paper(페이퍼)'는 라틴어 'papirus(파피루스)'에서 유래되었어요}. 이집트인들은 몇 세기에 걸쳐 그 종이에 고대 그리스어와 상형문자로 무엇인가를 기록했어요. 건조한 기후 덕분에 보존이 잘 된 수 천 개 '파피루스'를 고고학자들이 사막의 모래 속에서 발굴해냈고 그 덕분에 우리는 고대 이집트인들의 생활상을 조금이나마 엿볼 수 있었답니다.

예술작품을 만들어요

우리는 많은 식물들을 원하는 모양으로 만들어 눈을 즐겁게 할 수 있어요. 그저 식물들을 배열해 공간을 장식하는 것에서부터 고난도 기술이 필요한 토피어리에 이르기까지 다양한 시도를 할 수 있어요. 예술적 영감을 자유롭게 펼쳐요.

틸란드시아를 더욱 돋보이게 하는 방법

틸란드시아는 본래 열대우림 나무 위에 서식해요. 하지만 집안 어느 곳에서도 살아갈 수 있죠. 언뜻 보기에 말라있는 것처럼 보이지만 꽃이 피기도 한답니다.

· 후크 고리
· 가는 낚싯줄
· 큰 조개껍데기
· 나무 조각
· 풀

1. 가장 재미있는 방법은 투명한 낚싯줄로 사슬을 만들어 틸란드시아를 공중에 매달아 집에 온 손님들을 깜짝 놀라게 하는 거예요.

2. 커다란 조개껍데기 위에 틸란드시아를 붙여도 좋아요.

3. 예쁜 모양 나뭇가지 위에 틸란드시아를 붙여도 되고요.

4. 틸란드시아는 잘 관리하지 않으면 오래 살지 못해요. 본래 열대우림에 서식하며 매일 비를 맞고 물을 흡수하던 식물이잖아요. 그래서 분무기로 물을 뿌려 수분을 자주 공급해야 한답니다.

토끼 토피어리 만들기

토피어리란 식물을 키우고 다듬어 하나의 예술 작품처럼 만드는 것을 말해요. 토피어리 전문가들은 주로 회양목을 사용하지만 우리는 우선 작은 잎이 달린 담쟁이로 시작해 볼 거예요.

- 플라이어(펜치)
- 담쟁이 줄기
- 단단한 철사
- 촘촘한 그물망

담쟁이 줄기 꺾꽂이하기

우선 담쟁이 줄기를 몇 개 준비해요. 줄기가 서로 밀착되게 담쟁이를 화분에 심고 30~40cm 정도로 자라면 토피어리 재료로 사용할 수 있어요.

뼈대 만들기

1. 꼬고 엮을 수 있는 단단한 철사를 사용해요. 이 과정은 어른의 도움을 받는 게 좋아요. 우선 철사로 바닥 부분이 될 타원형을 만들어요. 아치 모양 두 개를 만들어 바닥 뒤쪽에 조립해요. 위쪽으로 철사 하나를 더 연결해 토끼 옆모습을 만들어요. 타원형 바닥 가운데에 세로 길이로 철사를 덧대 옆모습이 될 철사를 함께 고정시켜요.

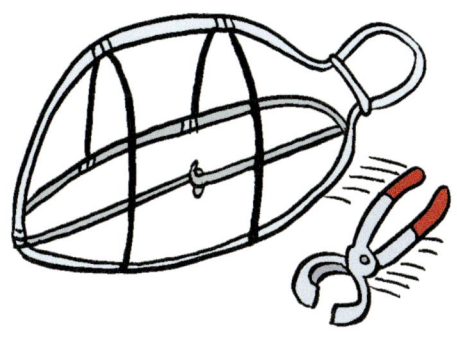

2. 철사로 긴 아치를 하나 만들어 타원형 앞쪽부터 옆모습이 될 부분 꼭대기까지 연결해 더 튼튼하게 만들어요. 작은 아치를 하나 더 만들어 옆모습이 될 부분 아래쪽을 지탱해요.

3. 촘촘한 그물망으로 뼈대 전체를 감싸요. 단 눈과 귀를 만들 부분을 미리 생각해야 해요. 마지막으로 화분에 꽂을 철사를 밑바닥에 단단하게 고정해요.

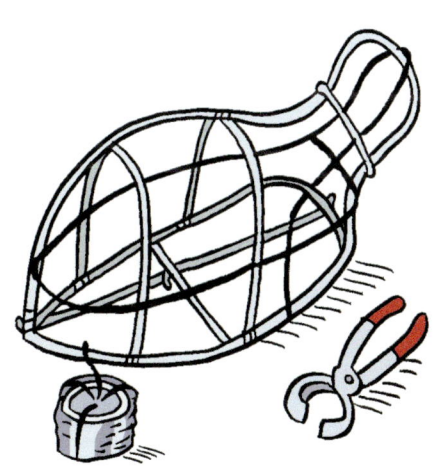

담쟁이로 만든 토끼

이제 어린잎들이 재빠르게 철망을 덮을 수 있도록 잎들을 정리해 주어야 해요. 토끼모양이 제대로 나오려면 담쟁이 잎이 고르게 퍼져야 해요. 그러니 너무 길거나 제멋대로 자란 줄기는 잘라요. 시든 잎들도 제거하고요.

히아신스, 튤립, 수선화 키우기

한 겨울에는 낮이 짧고 하늘은 구름으로 덮여있죠. 그럴 때 커다란 화분에 히아신스나 튤립, 혹은 수선화를 심어둔다면 집안이 화사해질 거예요.

구근을 준비해요

10월 초에 지름이 18cm 정도 되는 화분을 준비해 모래를 조금 섞고 분갈이흙을 반쯤 채워요. 그 위에 히아신스나 튤립 구근 6개를 원형으로 놓아요. 그다음 2cm 정도로 흙을 덮고 물을 조금 뿌려요. 정원바닥을 파고 밑바닥에 자갈 몇 개를 깔고 화분 높이까지 화분을 땅에 집어넣어요. 구근이 자라기 시작하면 민달팽이가 꼬이지 않게 관리해요. 또 냉해를 입지 않도록 화분을 볏짚이나 낙엽으로 덮어 주세요.

청보라색 히아신스와 붉은색, 노란색을 뽐내는 튤립들을 보세요. 겨울을 화사하게 밝혀주는 색들이죠!

크리스마스를 위한 수선화 심기

수선화는 키우기 정말 수월한 꽃이에요. 모양과 색깔도 무척 다양하죠. 하지만 여러 종을 섞어서 심지 않는 게 좋아요. 그러면 같은 시기에 꽃이 피지 않아 실망할지도 모르니까요.

· 오목한 유리단지
· 자갈
· 수선화 구근

1. 오목한 유리 단지에 깨끗한 자갈을 채워요. 자갈 사이사이에 스무 개 정도 수선화 구근을 똑바로 세워 나란히 심어요. 그 다음 구근의 밑면까지 물에 잠기도록 물을 부어요.

2. 유리 단지를 창고 안쪽과 같이 어둡고 서늘한 장소에 3주간 놓아요. 때때로 물높이를 확인해요. 3주가 지나면 물속에서 뿌리가 자란 것을 볼 수 있을 거예요.

3. 이제 유리 단지를 해가 잘 들고 따뜻한 곳에 놓아요. 5주가 지나면 놀랍게도 수선화가 꽃을 피울 거예요!

오래가는 꽃들

정원 땅이 두껍게 얼기 전에 화분을 땅에서 파내 깨끗이 닦은 후 가능한 북쪽 실내 창가에 놓아요. 우리나라 남부지방에서만 가능해요. 그럼 잎들이 계속 자랄 거예요. 꽃봉오리가 생겼다면 화분을 밝은 곳으로 옮겨요. 그럼 튤립이나 히아신스는 꽃을 피울 거예요. 밤에는 화분을 서늘한 곳에 두면 꽃들을 오랫동안 볼 수 있어요.

이듬해를 기약해요

튤립과 히아신스 꽃이 지고 나면 구근을 캐어 보관하였다가 가을에 다시 심어요. 구근을 보관할 때 서늘한 곳이 좋아요.

히아신스, 튤립, 수선화, 수국, 이런 꽃들은 작은 화분에 심어도 좋고 모두 한데 섞어 예쁜 꽃다발을 만들어도 좋겠죠!

글록시니아와 아마릴리스

글록시니아는 다양한 색들을 뽐내요. 붉은색, 흰색, 보라색, 두 가지 빛깔이 섞인 글록시니아에 이르기까지 다양하니 집안에 어울리는 색을 고르면 돼요. 아마릴리스는 얼굴이 큰 꽃으로 히페아스트룸*Hippeastrum*이라고도 해요.

활짝 핀 글록시니아를 보세요. 초록색 보석 상자에 들어있는 화려한 보랏빛 보석 같지 않나요?

글록시니아 개화

2월이 되면 화분에 글록시니아를 심을 수 있어요. 잎이 먼저 돋아날 거예요. 키가 5cm 정도로 자라면 햇볕이 잘 드는 곳에 두세요. 단, 직사광선은 피해요. 글록시니아 키가 30cm 정도로 자라면 6월에서 8월까지 풍성한 꽃들이 번갈아가며 피고 질 거예요. 잎이 누레지면서 떨어지면 줄기를 자른 다음 건조하고 서늘한 곳에 보관하세요. 글록시니아는 3년 동안 꽃이 다시 피고 그 이후에는 더 이상 꽃이 피지 않는답니다.

구근을 제대로 심으려면

구근을 잘 살펴보세요. 구근을 심을 때는 움푹한 부분이 위로, 둥근 부분이 아래로 오게끔 심어야 해요. 부식토를 구근이 살짝 나올 정도로만 화분에 채워요. 우리나라 정원에서는 키우기가 어려우니 화분에서 키워 보세요.

아마릴리스 구근

구근의 1/3 정도가 화분 위로 드러나게끔
심어준 다음, 햇볕 아래나 햇볕이 잘 드는
곳에 놓아요. 아마릴리스는 무척 빠르게
자란답니다. 줄기는 햇볕을 따라가는 성질이
있기 때문에 줄기가 휘지 않고 곧게 자라게
하려면 화분은 매일 사방으로 돌려야 해요.
첫 번째로 움튼 꽃봉오리에서 꽃이 피기
시작하면 화분을 햇볕이 들지 않는 곳으로
옮기고 밤에는 서늘한 곳에 놓아요.

아마릴리스 성장주기

• 구근은 '겨울잠'을
자요. 이때는
서늘하고 건조한
장소에 두세요.

• 겨울이 끝나면 꽃대가
올라오기 시작해요.

• 20~30일이 지나면
꽃이 피어요.

• 가을이 되면 잎들이
누레지고 시들어요.

어떤 아마릴리스 구근은 무척 커서 1.5m 넘게 자라기도 해요.

구근 보관하기

이듬해에도 구근에서 꽃이 피는 모습을 보려면
꽃이 지고 난 후에 줄기를 잘라야 해요. 그리고
더 큰 화분에 옮겨 심어요. 잎과 뿌리가 더 커질
테니까요. 2주에 한 번씩 물을 주고 잎이 누레지면
더 이상 물을 주지 마세요. 그때부터 구근은 휴식을
취한답니다.

철쭉과 시클라멘

철쭉과 시클라멘은 세심하게 보살펴야 해요. 그렇게만 해준다면 아름다운 꽃을 오래도록 보여주며 우리가 보살펴 준 것에 대한 보답을 할 거예요.

각별히 관리가 필요한 철쭉

철쭉은 석회질을 정말로 싫어해요. 그래서 '산성토양'에 심고 석회질이 제거된 물을 주어야 해요. 철쭉 뿌리는 습기를 좋아하지만 또 너무 습한 것은 싫어해요. 그래서 화분받침에 자갈을 깔고 그 위에 화분을 두는 것이 가장 좋아요. 철쭉은 직사광선을 좋아하지 않으니 반양지에 놓아요. 그렇지만 밤에는 서늘한 장소에 두는 것이 좋아요.

철쭉의 특성

철쭉은 다양한 품종이 있는 만큼 다양한 특성이 있어요. 철쭉은 겨울에도 꽃이 피고 오랫동안 꽃을 보여주죠. 또 북쪽에 놓여 있어도 괜찮아요. 게다가 몇 해 동안 연속으로 꽃을 피운답니다. 바깥 정원에서도 잘 자라서 좋아요

살구색, 노란색, 주황색, 그리고 다채로운 분홍색까지 철쭉 색깔은 정말로 다양하답니다. 좋아하는 색깔을 골라보세요!

철쭉 보관하기

꽃이 다 지고나면 철쭉을 조금 더 큰 화분으로 옮기고 산성토를 더 넣어주세요. 매주 '개화식물'용 특수 영양제를 조금씩 주고 물을 주세요. 5월이 되면 화분을 베란다나 정원 같은 실외에 놓아주세요.

물에서 석회질을 제거하는 꿀팁

물에서 석회질을 제거하려면 수돗물을 끓여서 용기에 넣으면 돼요. 그러면 석회질이 아래로 침전될 거예요. 하지만 이 방법을 너무 자주 쓰지는 말고 가능한 빗물을 섞어 쓰는 것이 더 좋아요.

우아한 시클라멘

집에서 키우는 예쁜 시클라멘은 야생 시클라멘과 사촌지간이라 할 수 있어요(옆 사진 참조). 야생 시클라멘은 같은 시기에 꽃이 피지만 더 오래 가요. 색깔도 더 다양하고 꽃도 더 크답니다.

시클라멘은 대개 라탄 바구니와 잘 어울리지만 보다 모던한 느낌을 주고 싶다면 토분이나 철제화분에 심어도 좋아요.

잎에는 물이 닿지 않게

시클라멘은 겨우내 꽃을 피워요. 하지만 겨울에 피어난 꽃은 특별한 관리를 해야 해요. 시클라멘은 햇볕을 좋아하기는 하지만 직사광선에 노출해서는 안돼요. 물주기는 시클라멘이 있는 장소의 온도에 따라 달라져요. 20도 이하의 온도라면 일주일에 두 번 물을 주세요. 아침에 화분받침에 물이 찰 만큼 물을 주되 물이 고인 상태로 그냥 두면 안돼요.

건강한 시클라멘 고르기

꽃이 활짝 피지 않은 시클라멘을 고르세요. 특히 아랫부분에 꽃봉오리가 많이 달려 있는지를 살펴보세요. 화분을 비스듬히 기울여 보면 아주 잘 보인답니다. 잎 상태도 살펴봐요. 잎이 빳빳하지 않고 누렇거나 잎자루가 상한 시클라멘은 고르지 않는 것이 좋아요.

이듬해 겨울에도 꽃을 피우려면

꽃이 지고나면 물주기를 완전히 멈춰요. 잎이 누레지고 말라갈 거예요. 구근이 휴식에 들어간 거예요. 6월 말이 되면 구근을 새 흙에 심어요. 화분을 그늘에 놓고 주기적으로 물을 조금씩 주세요. 그리고 매주 영양제를 주세요. 그리고 시월이 되면 화분을 실내로 들여 놓으세요.

꺾꽂이로 나무를 키워봐요

중국인들이 수 천 년 전에 개발한 접붙이기와 꺾꽂이를 이용하면 어디서도 볼 수 없던 식물을 만들어낼 수 있어요. 또 식물이 자라는 방향을 유도하면 아주 쉽게 개성 있는 식물로 만들 수 있어요.

개나리 줄기로 꺾꽂이 하기

개나리를 한 그루 '나무'로 만들어 볼까요? 그렇게 어려운 작업이 아니예요. 개나리는 단 1년 만에 키가 1m 이상 자라기 때문에 그 모양과 느낌이 한 그루 '나무'를 연상시키기에 충분해요.

- 개나리 줄기
- 화분 2개 (지름 12~14cm)
- 부식토
- 지지대

1. 개나리 줄기가 싹을 틔우기 전 가지를 20cm 정도 잘라 지름 12cm 화분에 심고 모래로 채워요. 이틀에 한번씩 물을 주어 모래를 마르지 않게 해요.

2. 가지가 30cm 정도로 자라면 잎 뒤편 아래쪽에 있는 여린 새순들은 그대로 두고 원줄기를 잘라요. 이 작업은 가장 어려우면서도 가장 중요해요. 새 줄기가 자라면 지지대에 묶어 주세요. 줄기가 아주 여리니 조심히 다뤄요. 그런 다음 푸크시아를 조금 더 큰 화분(지름 14cm)에 옮겨 심어요.

제거해요. / 남겨 두세요 / 제거해요

3. 위와 같은 방식으로 아래쪽에서 돋아나는 새순들은 계속 제거하고 새로운 원줄기가 50cm가 될 때까지 키워요.

4. 그다음 이 원줄기를 잘라요. 그리고 잎들 아래쪽에서 돋아난 새순 두 개를 남겨요. 이 새순 두 개에 잎이 네 장 달리면 가지 맨 끝부분을 잘라요.

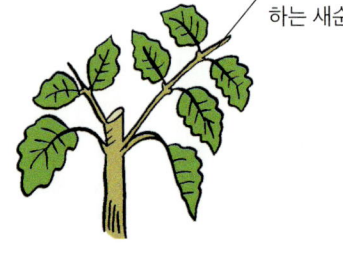
남겨두어야 하는 새순

5. 네 장의 잎에 또 다른 새순이 나면 가지 끝부분을 잘라요. 이런 작업을 3번 반복하고 그 이후에는 푸크시아가 자라는 대로 그냥 두세요. 다만 줄기 아래쪽에서 자라는 새순은 그냥 두지 말고 제거해요.

마술 같은 접붙이기

어른들은 접붙이기를 성공시키는 게 정말로 어렵다고 해요. 그러면서 나무나 장미 접붙이기를 성공시켰다며 자랑스레 말하기도 하고요. 그럼 우리도 한번 해보는 게 어때요? 그래서 어른들을 깜짝 놀라게 해보자고요.

- 백년초(부채선인장)한 그루
- 게발선인장(*schlumbergera*) 가지
- 커터칼

1. 게발선인장 가지를 백년초에 접붙이기 할 거예요. 6월에 하면 가장 좋아요. 가능한 가시가 없는 백년초 한 그루를 준비해요. 아니면 '선인장 잎'을 심고 뿌리 내리기를 기다려요. 백년초가 40cm 정도까지 자라면 접붙이기를 할 수 있어요.

2. 접붙이기를 위해 커터칼을 이용해 백년초 잎에 가로로 깊게 칼집을 내주세요. 이때 손이 다치지 않게 조심해요.

3. 게발선인장 가지를 칼집을 낸 틈새에 꽂아요. 며칠 동안은 건드리지 말고 그대로 두세요.

4. 이렇게 접붙이기 한 백년초를 그늘에 두고 이식된 게발선인장이 자랄 때까지 바람을 피할 수 있는 곳에 놓아요. 3주가 지나면 이식된 게발선인장이 자라있을 거예요.

이식된 게발 선인장

새로 나온 잎

5. 백년초에서도 새잎들이 자랄 거예요. 이 잎들이 충분히 커지면 또 다른 게발선인장을 접붙이기 해요. 그렇게 하면 백년초는 차츰차츰 꽃이 피는 식물로 놀랍게 변신할 거예요.

베란다에서 늙은 호박을!

장식용으로 쓸 수 있고 단단하며 베란다에서 키우기도 쉬운 늙은 호박은 정말로 팔방미인이랍니다. 추위 때문에 아름다운 잎들이 상할 때는 잎을 잘라주고 실내로 들여놓으세요. 늙은 호박을 계단 위에 올려두면 호박의 아름다운 주황색과 빨강색이 주방 분위기를 환하게 해 줄 거예요. 그리고 늙은 호박은 스프로 만들어지면서 찬란한 생애를 마감하게 될 거예요.

새싹부터 키우는 것이 너무 오래 걸려 힘들 것 같다면 호박 모종을 사서 심어도 돼요. 그런데 그런 호박을 우리가 들 수 있을까요? 우리는 토종 호박을 심기로 해요.

늙은 호박 자리는?

지름 40cm 정도 넉넉한 크기 화분을 베란다에 놓아요. 그 안에 영양분이 풍부한 부식토를 채워요. 화분을 남향 반대쪽에 두세요(식물은 본래 남쪽을 향해 자라니 이렇게 놓아야 남쪽으로 가지가 뻗어나가요). 단, 베란다를 따뜻하게 해주고 강한 바람이 들이치지 않게 해요.

늙은 호박 파종하기

4월~5월 사이에 늙은 호박 씨앗을 4~5개 파종해요. 토종 호박 모종을 구입해서 심어도 되요. 흙을 촉촉한 상태로 유지하되 물을 너무 많이 줘도 안돼요. 새싹을 빨리 틔우려면 화분을 비닐로 덮어요. 새싹이 나오기 시작하면 햇볕이 따뜻할 때 비닐을 벗겨요. 새싹들에서 잎사귀가 두 개 정도 나왔을 때, 가장 건강한 것을 남겨두고 나머지는 가위로 잘라요.

인내심이 필요해요

꽃샘 추위가 지나가면 심은 호박을 그냥 내버려 두세요. 그럼 줄기가 길어지고 잎들이 자라면서 덩굴손이 뻗어나갈 거예요(만약 그렇지 않다면 조치를 해야 해요). 이때부터는 물이 부족하면 안 되니 늙은 호박에 매일 물을 줘야 해요.

수꽃

개화하지
않은 암꽃

호박꽃

씨방

덩굴손

어린 잎사귀

탐스럽게
익은 늙은
호박

베란다에 있는 늙은 호박은 특별한 장식품이죠

꽃과 열매

늙은 호박에서 처음 피는 꽃들은 수꽃이에요. 암꽃은 아래쪽에 둥글게 부푼 씨방이 있기 때문이 구분하기가 아주 쉬워요. 이 부분이 나중에 열매가 되는 거예요. 여기에는 곤충들이 많이 붙을 거예요. 그럼 처음으로 생긴 이 열매는 살아남을 수 있을까요? 확신할 수 없어요. 느닷없이 누레지면서 떨어져 나가는 경우도 있으니까요. 하지만 걱정할 필요 없어요. 새로운 꽃에서 또 다른 열매가 커질 테니까요. 늙은 호박이 점점 더 커지면 그 높이에 맞게 작은 판자로 지지대를 세워요.

늙은 호박에 그림 새기기

늙은 호박이 반쯤 성장했을 때 껍질에 그림을 새겨요. 뾰족한 송곳 같은 도구로 머릿속에 떠오르는 장면을 새겨보는 거예요. 글씨도 좋고 얼굴도 좋고 기하학적 모양도 좋아요. 자국을 새길수록 선들이 두꺼워지고 두드러지면서 그림이 완성되어 갈 거예요.

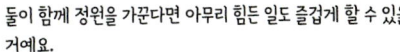
둘이 함께 정원을 가꾼다면 아무리 힘든 일도 즐겁게 할 수 있을 거예요.

정원을 가꾸기 위한 땅고르기

삽질하기, 김매기, 땅고르기, 씨앗심기, 잡초뽑기, 물주기에 이르기까지 모두 알려줄게요! 정원을 아름답게 가꾸고 수확을 풍성하게 하려면 몸을 자주 움직여야 한답니다. 그렇게만 한다면 땅은 우리가 해준 것보다 훨씬 더 많은 것들로 우리에게 보답할 거예요.

좋은 땅에서는 모든 식물이 쑥쑥 자라나요.

땅을 갈아요

식물은 뿌리를 통해 성장해요. 땅 속에 있는 뿌리는 영양분을 찾아 사방으로 뻗어나가죠.
토양이 다공질이고 모래가 많을수록 정원은 더 아름다워 질 거예요!

점토질
토양은
덩어리로 잘
뭉쳐져요.

흙덩어리 관찰하기

손으로 흙덩어리를 만져요. 흙덩어리를
부스러뜨렸을 때 잘게 부서지는 흙이 있는 반면
돌처럼 단단하게 굳어있는 흙도 있을 거예요.
식물이 뿌리를 잘 내리려면 공기(통기성)와
물(투수성)이 잘 통하는 흙에 심어야 해요.
완두콩같이 굵은 입자로 이루어진 땅이 식물을
심기에 좋은 땅이에요. 정원사는 정원 흙이
너무 거칠지도, 너무 곱지도, 너무 건조하지도,
너무 습하지도, 너무 단단하지도, 너무 무르지도
않도록 땅을 갈아 부드럽게 만들고 영양분도
풍부하게 주어야 해요.

삽질을 배워요

흙덩어리를 뒤섞고 때로 부스러뜨리려면
삽질을 해야 해요. 이때 삽쇠라는 도구를
사용해요. 삽쇠를 땅속 깊숙이 박아요.
그런 다음 지렛대 역할을 해주는 자루
윗부분을 아래로 눌러요. 그럼 땅이
갈라지면서 흙덩어리가 위로 올라올
거예요. 그런 식으로 뒷걸음질 치면서
삽질을 하는 거예요. 삽질 할 때 땅의 폭은
5~10cm로 좁아야 해요. 일 년에 한 번
가을에 삽질을 해주면 충분해요.

운동이 되는 삽질!

삽질을 하면서 땅을 잘 살펴보세요. 자갈을
골라내고 뭉친 흙덩어리를 잘게 부수고 길게
자란 덩굴식물의 뿌리도 잘라줘야 해요.
그러려면 허리를 자주 굽힐 수밖에 없을
거예요. 하지만 자주 하다 보면 우리의 몸도 이
동작에 익숙해 질 거예요.

삽쇠를 땅 속 깊숙이 박은 다음 자루 윗부분을 발로 눌러 지렛대처럼
사용해요. 삽쇠를 따로 구입할 필요는 없어요. 삽으로 하면 돼요.

땅 고르기 작업을
끝냈다면, 식물을
심어도 돼요.

통풍을 위한 흙 고르기

흙 고르기는 쇠스랑을 이용해 흙을
파헤치며 땅 표면을 골라 통풍이 잘 되게
해주는 작업이에요. 땅 속에 쇠스랑을
박은 다음 쇠스랑을 밀고 당기면서 땅을
평평하게 만들어요. 동시에 흙덩어리는
잘게 부스러뜨리고요. 흙의 상태가 좋으면
그렇게 힘든 작업은 아니에요. 땅 표면이
평평하고 고르게 되어가는 과정이 눈에
보이기 때문에 무척 즐겁게 할 수 있는
작업이랍니다.

날이 선 괭이로 괭이질하기

비가 많이 오면 땅이 내려앉아요. 그럼 땅 표면이 딱딱하게 굳어져 땅 속 물과 공기 흐름을 방해하죠. 그래서 이 껍데기를 부숴야 해요. 이때 사용하는 도구는 괭이, 쇠갈퀴, 선호미 등이 있어요. 괭이 날이 잘 서있어야 해요. 쇠스랑, 쇠갈퀴 날이 무디면 괭이질을 할 때 빗나가기 십상이니까요. 괭이질을 할 때는 흙을 부수는 것 외에 아무것도 건드리지 않도록 조심해야 해요! 잘못하면 우리가 정성껏 돌본 어린 식물들까지 잘려 나갈 수 있으니까요. 가볍고 빠르게 괭이질을 한 다음 땅을 잘 살펴봐요. 정원사로서 볼 때 흡족할 거예요. 게다가 잡초도 다 사라졌을 테니까요!

호미는 잡초를 제거하는 데 완벽한 도구에요.

잘라낸 잔디로 땅을 보호해요.

땅을 보호해요

숲에서는 땅이 절대로 헐벗을 일이 없어요. 나엽과 작은 초목들이 태양 열기와 폭우 침식으로부터 땅을 보호해주니까요. 자연에서 그런 것처럼 우리도 정원의 땅을 보호하면 어떨까요? 이를테면 잔디 깎은 잎을 식물 사이사이 땅 위에 뿌려주는 거예요. 단 너무 두껍지는 않게요. 땅이 물을 흡수해야 하니까요. 조금씩 뿌린 잔디가 썩으면서 땅을 비옥하게 해준답니다.

좋은 타이밍?

베테랑 정원사는 이렇게 말하죠. '아무렇게나 되는대로 땅을 일구면 안돼요.' 이 정도는 우리도 알고 있어요! 또 이렇게 말하기도 하죠. '아무 때나 땅을 일구면 안돼요.' 무슨 뜻일까요? 우린 이렇게 볼멘소리를 하겠죠. '시간 있을 때 하면 되는 거 아닌가요?' 하지만 생각해 봐요. 비가 온 뒤에 땅을 일구면 흙이 도구에 달라붙고 흙덩어리가 뭉칠 거예요. 반대로 너무 건조할 때 땅을 일구면 너무 단단해진 흙덩어리가 잘 부서지지 않을 거예요. 땅을 일구는 좋은 타이밍이란 바로 지금이에요. 다음으로 미루지 마세요. 그럼 땅을 일구기가 훨씬 수월해 질 거예요.

정원에서 일을 할 때는 운동화를 신어도 되지만 고무장화를 신는 것이 뱀이나 벌레로부터 안전해요.

땅을 발로 밟지 말라고요?

정원 땅을 밟으면 흙이 딱딱해져요. 그러면 통풍이 잘 되지 않기 때문에 땅에 좋지 않아요. 그러면 어떻게 해야 할까요? 물구나무를 서서 걸을 수도 없는 노릇이고요! 되도록 갈아놓은 땅을 밟지 않도록 조심해요. 땅을 한번 밟았다면 자리를 옮기지 말고 그 자리에서 최대한 많은 일을 처리하도록 해요. 그리고 뒷걸음질 치면서 일하는 습관을 들이면 좋아요. 다시 말해, 앞쪽으로 50cm 지점에 삽질이나 괭이질을 하고 뒤로 한걸음씩 물러나면서 작업을 이어가는 거죠. 그러면 땅에 발자국이 남지도 않고 흙이 딱딱해지지도 않을 거예요. 작업이 완벽하게 마무리 되는 거죠.

꿀팁

텃밭을 가꿀 때는 지나다닐 수 있는 통로가 있어야 해요. 한걸음 정도 폭(30cm)으로 만들고 더 이상 이용하지 않을 때는 없애면 돼요.

63

유용한 도구들

괭이질, 삽질, 호미질, 갈퀴질은 정원을 가꾼다면 늘 해야 하는
일이에요. 알맞은 도구만 있다면 정원을 가꾸는 일이
힘들지도 어렵지도 않을 거예요.

삽: 작은 관목을 심기
위해 큰 구멍을 팔 때
사용해요.

외발 손수레: 장비를
옮길 때 반드시 필요해요.
중심잡기가 어려운 사람은
두발 수레를 이용해요.

괭이쇠스랑: 땅을
부드럽게 할 때
사용하고 곡괭이보다
사용하기가 훨씬
쉬워요.

삽쇠: 잡초를 뽑고 덩이줄기(감자
등)를 수확할 때 사용해요. 흙이
질거나 딱딱할 때 혹은 자갈이
많을 때, 삽보다 훨씬 수월하게
땅을 갈 수 있어요.

물뿌리개(물조리개): 너무 크거나 물을 가득
채우면 들기가 힘들어요.

잡초 괭이: 괭이 끝부분이 면도날처럼 날이 잘 서 있어 땅 표면의 잡초를 제거하는데 유용해요. 우리나라에서는 안쓰던 것인데 외국제품을 인터넷에 판매하고 있어요.

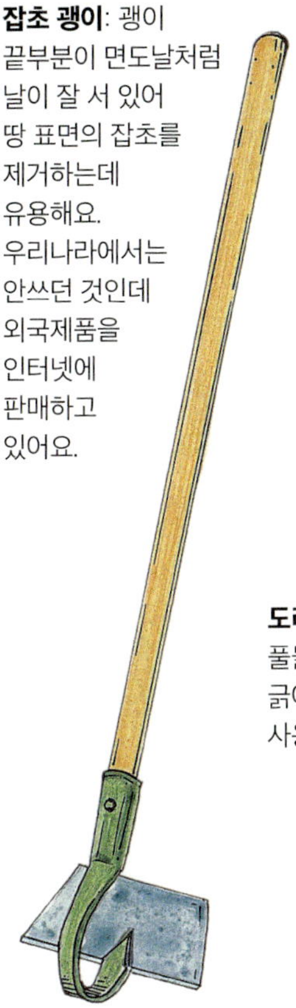

도라지창: 자른 풀들과 건초를 긁어모을 때 사용해요.

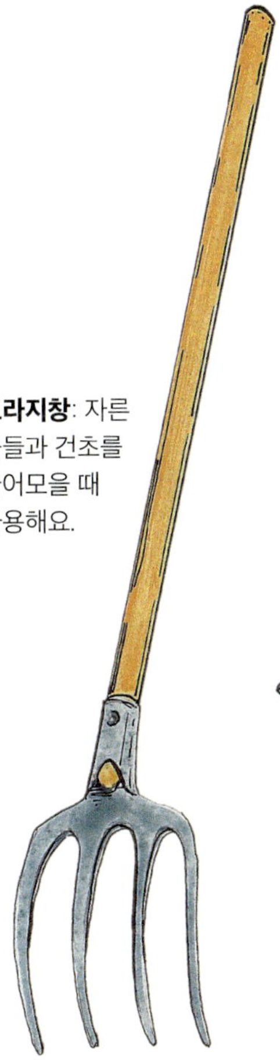

넓은 괭이: 정원을 가꾸는 데 사용하는 도구 중 서양에서 가장 오래된 도구에요. 다루기 쉬운 이 도구는 잡초를 제거하고 물길을 만드는 데 사용해요. 우리나라에서 옛날부터 쓰던 이것보다 날 폭이 작은 것을 조선괭이라고 해요.

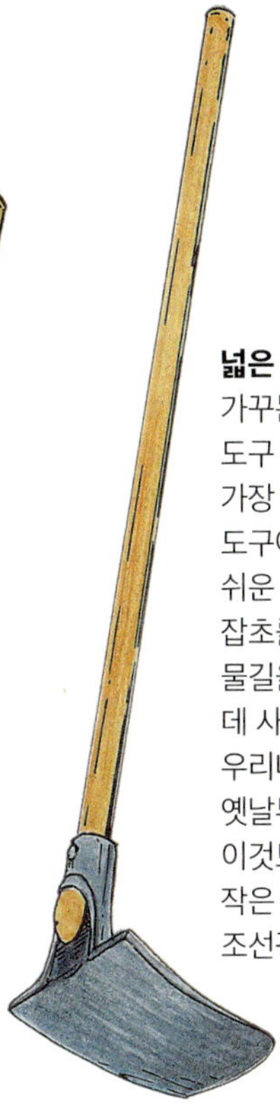

쇠스랑쇠갈퀴: 자른 풀들과 낙엽을 긁어모을 때 사용하기도 하고 식물을 심기 전에 땅을 고르게 할 때도 사용해요.

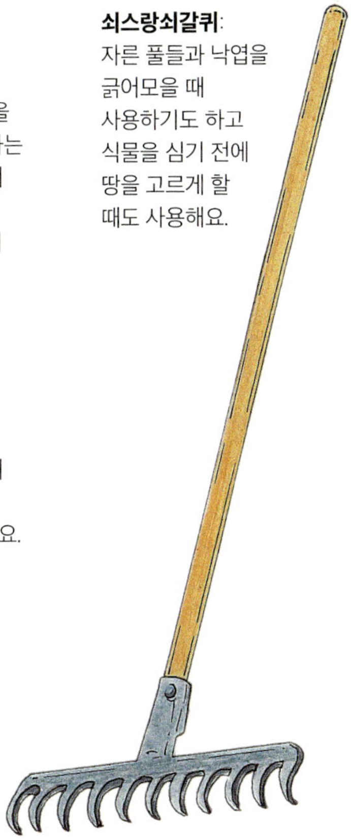

파종기(디버): 땅 속에 구멍을 뚫고 씨앗이나 꺾꽂이 가지를 심을 때 사용해요.

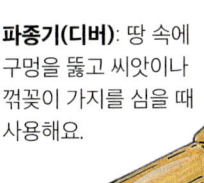

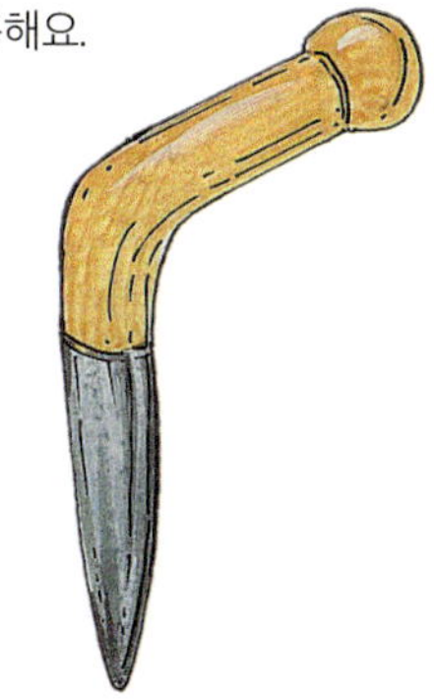

모종삽: 크기가 작은 모종삽은 화분에 식물을 심을 때 사용해요.

작업에 알맞는 도구를 사용해요!

모양이 비슷해 보여도 모든 도구가 다 유용하지는 않답니다. 다른 도구들에 비해 '훨씬 더 유용한' 도구들이 있어요. 내구성, 무게, 손잡이 소재 품질은 상표마다 다 제각각이니까요. 품질이 좋은 도구는 그만큼 가격도 비싸죠. 그렇지만 그만큼 오래 쓸 수 있어요. 작업 환경에 따라 알맞은 도구를 사용해야 힘이 덜 들어요.

도구 다루기

원예도구를 제대로 다루려면 농부들의 조언을 잘
들어야 해요. 그러면 시간을 절약해 효율성을 높일
수 있고 쓸데없는 데 체력을 낭비해 피로해지거나
실망하거나 때로 다치는 일까지 피할 수 있으니까요.

도구 관리하기

도구는 바깥에 두면 안 돼요. 또 다시 정원에서 사용하게
되더라도 작업이 끝나면 바로 안에 들여놔야 해요.
그래야 목재와 강철로 만들어진 도구는 오래도록 사용할
수 있어요. 하지만 도구란 무뎌지고 녹슬게 마련이죠.
날이 무뎌지지 않게 하려면 평소에 깨끗하게 관리하는
것이 녹스는 걸 방지하는 가장 좋은 방법이에요. 사용한
후에는 도구를 깨끗하게 닦아요. 걸레 하나를 창고에
놓아두고 반드시 도구를 닦아요. 건조하고 깨끗하게
관리하면 도구는 녹슬지 않아요.

자루가 부서졌다면

자루는 잘 부서지지 않아요. 무척 견고하게
만들어졌으니까요. 하지만 습한 곳에 두면 자루가
썩을 수 있어요. 또 도구에 맞지 않는 작업을 무리하게
하다 보면 자루가 부러질 수 있고요. 아주 큰 뿌리를
자르려는데 주변에 괭이밖에 없다고 해서 그걸
사용한다면 큰 사고로 이어질 수도 있어요. 그럴 땐
곡괭이를 사용해야 해요. 하지만 곡괭이 자루도 너무
거칠게 다루거나 잘못 사용하면 부러질 수 있답니다.
그러니 도구는 요령껏 사용해야 해요.

삽, 호미, 괭이, 갈퀴는 꼭 필요한 도구들이에요.

도구는 반드시
깨끗하게.

도구와 함께 춤을!

도구를 사용하다 보면 잘 다루는 법을 익힐 수 있을 거예요.
베테랑 정원사들이 도구를 어떻게 사용하는지 보세요. 그들은
서두르지 않고 규칙적이고 조화롭게 도구를 사용하죠. 몸과 손의
위치, 팔의 움직임이 도구와 조화를 이루어요.

갈퀴의 공격

갈퀴는 단순해 보이지만 위험한 도구이기도 해요. 갈퀴를 벽에 기대어 놓거나 톱니 부분을 위로 향하게 해서 바닥에 놓을 때가 있죠. 근처를 지나다 무심코 톱니 부분을 밟으면 자루가 순식간에 세워지며 머리에 쾅 부딪힐 거예요. 그럴 땐 짜증내지 말고 웃어 넘겨요. 그리고 앞으로는 갈퀴를 잘 정리하겠다고 다짐해요. 더 위험한 도구는 쇠스랑이에요. 톱니가 뾰족하기 때문에 잘못 밟으면 찍힐 수 있으니까요. 도구를 사용하고 즉시 정리할 상황이 아니라면 도구를 사용하고 난 즉시 날, 톱니 방향을 땅 속에 박아두세요.

우리 몸집에 맞는 도구들도 있어요.

전정기(트리머)를 사용해요!

관리기는 시끄럽지만 때로 유용하답니다.

베테랑의 도구들

어떤 도구도 정원사만큼 정원을 잘 가꿀 수는 없어요. 하지만 현대 기술이 적용된 몇몇 기계들은 정원사 시간과 수고를 아껴주며 큰 도움을 준답니다. 정원 크기가 200m²가 넘는다면 관리기를 쓰는 것이 좋아요. 그렇다 해도 기계를 다룰 수 있는 힘은 반드시 필요해요. 긴 나무 울타리를 '반듯하게' 가지치기 할 때는 전정기를 사용하면 좋아요. 잔디깎기는 필수고요. 하지만 이런 전동 기계들은 어른들만 사용할 수 있다는 것, 잊지 마세요.

식물도 영양분을 먹어요

영양분이 풍부한 토양에서 햇볕을 충분히 받고 자라는 식물들은 크고 아름답게 성장해요. 그렇지 못한 식물들은 제대로 성장하지 못하죠. 정원사는 모든 식물들을 공평하게 돌봐줘야 해요. 적절한 간격으로 식물을 심고 세심히 살피며 적당히 물을 줘야 해요. 특히 여린 식물들에게는 영양분을 충분히 공급해 줘야 해요.

영양분을 전달하는 뿌리

뿌리는 식물을 땅에 고정시키고 지탱할 수 있게 해요. 뿌리 덕분에 식물은 영양분을 흡수할 수 있죠. 식물이 차차 성장할수록 뿌리는 커지고 여러 갈래로 갈라져요. 뿌리 맨 끝에 달려 있는 잔뿌리들은 털로 덮여 있어요. 이 뿌리털은 땅에 있는 물을 흡수해 식물에 수분을 전달하고 영양분을 보충해요. 눈에 보이지는 않지만 물에는 영양분이 되는 물질들이 포함되어 있답니다.

땅 속에 숨어있는 뿌리에는 영양분을 흡수하는 잔뿌리들이 무척 촘촘하게 붙어 있어요.

석회질 토양?

흙에는 대개 석회질이 포함되어 있어요. 어떤 정원 흙에도 조금씩은 다 있죠. 대부분 식물들은 석회질 토양에 아주 잘 적응해요. 하지만 석회질이 너무 많이 있는 흙에서 잘 자라지 못하고 잎이 누렇게 되어 결국 죽고 마는 식물들도 있어요. 흙에서 석회질 성분을 엷어지게 하려면 배양토, 섬유질, 퇴비, 모래를 섞어주세요. 자연에는 석회질이 없는 토양이 존재해요. 황무지, 습지, 침엽수림 같은 곳들이죠. 철쭉이나 만병초 같은 식물들은 특히 석회질을 싫어하니 이런 식물들을 심을 때는 석회질이 없는 펄라이트나 피트모스를 섞어서 심어줘요.

무기염을 흡수해요

우리는 각설탕 하나를 먹는 데도 힘을 들여야 해요. 이로 씹고 입안에서 침으로 녹여야 하니까요. 그렇게 해서 설탕을 삼킬 수 있어요. 그럼 입도, 이도 없는 식물은 어떻게 염분을 흡수할까요? 우리가 식물에 물을 주면 물이 땅에 스미고 이 수분을 뿌리가 흡수해요. 그런데 이 수분에는 무기염이라는 미세분자가 함유되어 있어요. 우리 눈에는 그저 축축하게만 보여도 땅 속에 스며있는 물에는 늘 이런 성분이 함유되어 있죠. 식물은 이렇게 물을 흡수하며 동시에 무기염을 흡수한답니다.

영양분을 공급해주는 수액

영양분이 포함된 물은 뿌리에서 식물 전체에 전달돼요. 그것을 상승수액이라고 해요. 광합성을 통해 잎에서 생성되는 또 다른 수액도 있어요. 그것을 하강수액이라고 하죠. 이 두 종류의 수액은 큰 가지, 잔가지, 새순, 꽃과 열매에 이르기까지 식물 전체에 영양분을 공급해준답니다.

엽록소와 광합성

식물을 녹색으로 만드는 것은 엽록소에요. 식물은 엽록소를 통해 빛 에너지를 흡수하고 광합성을 해 하강수액을 생성하는 복잡한 화학 작용을 할 수 있어요. 물과 이산화탄소를 통해 식물은 영양분을 공급받고 그 과정에서 대기에 산소를 내뿜어요. 식물들이 환경에 이로운 이유가 바로 이 때문이죠.

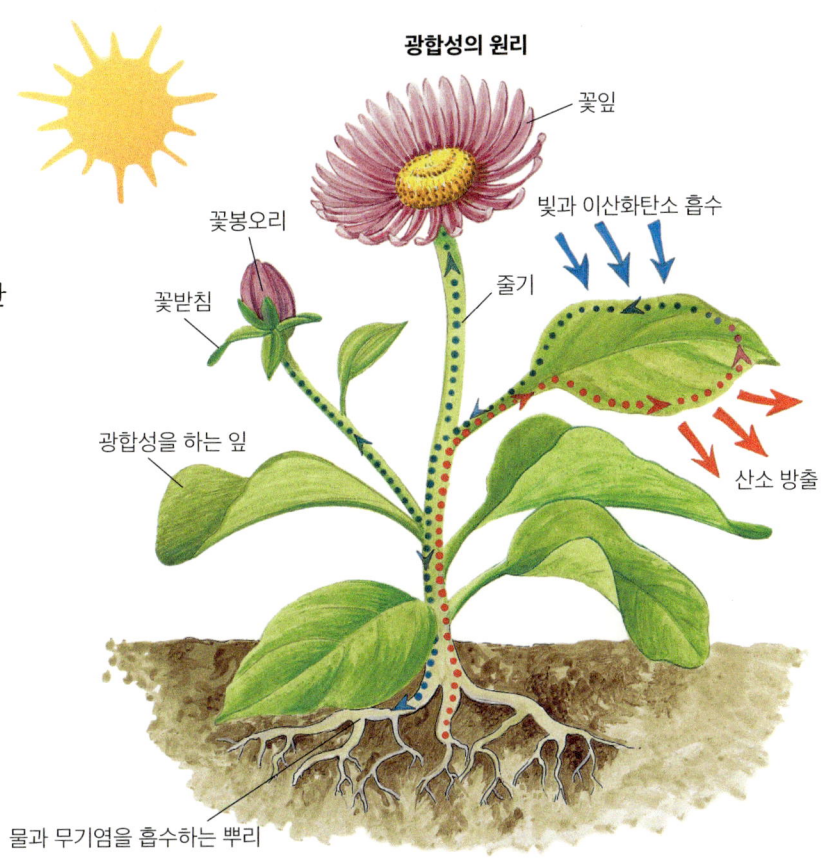

광합성의 원리

꽃잎

꽃봉오리

빛과 이산화탄소 흡수

꽃받침

줄기

광합성을 하는 잎

산소 방출

물과 무기염을 흡수하는 뿌리

성장이 끝나면?

꽃이 지고 나면 씨앗이 맺혀요. 그러면 땅에서 흡수한 무기염을 간직하고 있는 이 식물을 뿌리째 뽑아 퇴비에 섞어요. 퇴비에 섞인 식물은 썩으면서 부식토가 되고 무기염이 자연스럽게 부식토에 녹겠죠. 이 무기염들은 새로운 식물들에게 영양분을 전달할 거예요.

식물의 줄기를 자를 때는 새순이 영양분을 잘 흡수할 수 있도록 수액 흐름을 고려해야 해요. 잎겨드랑이가나 줄기에서 잎이 만나는 부분-역주 위쪽으로 1cm를 남기고 새순 반대쪽으로 비스듬히 잘라요.

69

비옥한 땅

나쁜 땅에서는 아무것도 자라지 않아요. 정원에 무엇이건 심기 전에 부식토가 풍부한지를 점검해 봐요. 낙엽 같은 것들이 썩어서 만들어진 퇴비는 땅을 비옥하게 만들어요.

땅도 땅 나름

비옥한 땅이란 물속에서 용해된 영양분이 퍼져있는 땅을 말해요. 정원 한쪽에서 삽으로 흙을 떠보면 다른 쪽에서 뜬 흙과 전혀 다르다는 것을 알 수 있어요. 흙 성분이 다르기 때문이에요. 영양분이 물속에 녹아있는데 어떻게 아냐고요? 그냥 보기만 해도 알 수 있어요. 비옥한 땅의 흙은 색이 진하고 가벼워요. 이런 흙덩어리는 잘고 잘 부서지죠. 이런 흙에는 부식토가 많이 포함되어 있어요. 부식토는 식물이 먹는 소스라고 할 수 있어요. 흙이 식물에게 먹어보라고 권한 음식에 이 소스가 없다면 식물은 그 음식을 먹지 않을 거예요.

신비한 부식토

부식토는 박테리아와 미세균류로 인해 썩은 풀과 나무의 낙엽들로 만들어져요. 부식토는 땅에 천천히 섞여들죠. 말하자면, 숲은 부식토를 만들 수 있어요. 땅에 떨어진 낙엽과 가지가 썩어서 조금씩 땅에 스며들기 때문이죠. 비가 올 때 땅 속으로 스며드는 부식토는 식물 생존에 반드시 필요하답니다.

숲에서 낙엽은 천천히 부식토로 변해요.

부식토를 만들어요

정원 흙을 비옥하게 하기 위해 직접
부식토를 만들어 볼 수 있어요. 정원
한쪽에 낙엽, 깎은 잔디, 과일 껍질들을
모아요. 이것들은 발효되고 데워지며
쪼그라들 거예요. 최소 6개월이 지나면
퇴비(일종의 식물성 비료)로 쓸 수 있는
부식토가 될 거예요. 그리고 영양분이 필요한 땅에 이
흙을 '되돌려' 주기만 하면 된답니다.

정성이 필요한 퇴비

퇴비가 되는 식물이 다양할수록 영양분은 더 풍부해져요. 식물 줄기를
가능한 작게 토막 내(10cm 정도) 퇴비통에 담아요. 2개월마다 흔들거나
뒤집어서 통풍을 시켜요. 비 맞는 것을 제외하고 물을 주지 마세요. 제대로
하기만 한다면 3~6개월 후에는 부식토가 만들어져요. 그 기간을 넘겨도
부식토로 사용할 수는 있지만 미생물 활동은 줄어들 수밖에 없답니다.

점토질, 사토질, 자갈질,
산성토, 석회토에 이르기까지
모든 흙들은 각자 특성이
있답니다.

식물 폐기물이 썩어가는 정원
한구석에서는 코를 찌르는 냄새가
나겠죠. 냄새가 고약하다고요?
하지만 그 냄새가 미래 수확을
준비하는 냄새라면 고약하게만
느껴지지는 않을 거예요. 부패된 이
폐기물을 정원에 사용할 수 있게
되면 이것을 퇴비라고 부를 수
있어요. 시중에서도 퇴비를 살 수는
있지만 직접 만드는 것은 어떨까요?
퇴비가 쌓여 있는 모습은 보기에
썩 좋지는 않아요. 그러니 보이지
않게 가려주면 더 좋겠죠. 우리
정원에 어떤 방법이 가장 좋을지
생각해봐요. 이를 테면 퇴비를 쌓아
놓은 위쪽으로 한련화, 토마토,
가지 같은 것들을 심는 것도 좋은
방법이에요.

벽돌 퇴비통

나무 퇴비통

똑똑하게 영양분 주기

정원을 가꾼다는 것은 땅에게 자연 그대로 상태로 있을 때보다 더 많은 것을 생산해내라고 요구하는 것이나 다름없어요. 그렇기 때문에 우리는 비료 형태로 땅에 더 많은 에너지를 전달해 땅이 힘을 내도록 도와야 해요. 하지만 비료를 고를 때는 환경을 생각하는 비료를 선택하는 것이 좋아요!

자연 재료로 만든 비료

식물을 성장시키고 꽃을 피우고 열매를 맺게 하려면 식물에게 무기염과 동·식물성 퇴비를 줘야 해요. 이런 성분들은 본래 땅 속에 녹아 있지만 우리가 가꾸는 텃밭에는 충분하지 않아요. 화학비료(공장에서 생산하는)는 잘못 사용하면 환경에 나쁜 영향을 끼치니 주의해서 사용해요. 친환경 정원사들이 사용하는 천연비료, 또는 유기비료를 사용하는 것이 좋아요.

알약형, 알갱이형, 작은 막대기형, 가루형, 액체형에 이르기까지 비료 종류는 굉장히 많아요. 그래서 친환경 비료와 화학비료를 구분하려면 포장에 쓰인 내용을 잘 읽어야 해요.

비료는 땅에 영양분을 공급해줘요. 식물을 심을 때 주는 비료 성분과 꽃이나 열매를 맺을 때 주는 비료 성분은 달라요. 그러니 상황에 맞게 알맞은 성분 비료를 줘야 해요.

NPK 비료

비밀암호냐고요? NPK란 식물에 필요한 비료의 3대 화학 성분 이니셜이에요. N$_{nitrogen}$은 질소로 풀과 잎 성장을 돕고 초록색을 더 진하게 해주는 성분이에요. P$_{phosphorus}$는 인으로 뿌리 성장을 돕고 꽃을 피우며 열매를 맺는 데 중요한 역할을 하는 성분이죠. K$_{kalium/potassium}$는 칼륨으로 식물이 에너지를 저장하고 스스로 방어할 수 있도록 도와줘요. 이 밖에도 식물은 성장을 위해 무기질을 필요로 한답니다(칼슘, 유황, 아연, 마그네슘 등). 우리나라에서 판매되는 복합비료는 이러한 NPK 비율을 모두 표기하여 놓았어요.

식물을 성장시키는 식물

우리는 퇴비를 집에서 만들 수도 있고 가까운 곳에서 얻어올 수도 있어요. 그리고 컴프리(칼륨이 풍부해요)나 쐐기풀(질소가 풍부해요) 같은 100퍼센트 자연 재료로 퇴비를 만들 수도 있답니다. 냄새가 그다지 좋지는 않지만 이 식물들은 정말로 다른 식물들에게 큰 도움을 줘요. 성장을 촉진시키고 식물의 면역력을 강화시키니까요. 하지만 모든 비료가 그렇듯이 적당히 사용해야 해요.

녹색 비료

추수를 하고 나면 정원의 땅은 헐벗게 돼요. 그럼 비가 올 때 땅이 쉽사리 쓸려나갈 수 있고 땅속에 녹아있던 온갖 영양성분도 쓸려가겠죠. 이것을 방지하기 위해 보호막이 될 겨자, 토끼풀, 호밀 같은 녹색 식물을 파종해요. 이런 식물들은 정원의 땅을 보호하고 잡초가 자라는 것을 막아준답니다. 녹비라고도 해요.

약해진 식물은 쉽게 병에 걸릴 수 있으니 조심해요. 거름을 주면 식물을 더 건강하게 만들 수 있어요.

집에서 비료를 만들어요

쐐기풀로 만든 비료는 만들기도 쉽고 효과도 무척 좋아요!

- 장갑
- 저울
- 칼
- 커다란 플라스틱 통
- 깔때기
- 천 조각

1. 장갑을 끼고 쐐기풀을 크게 한 아름 따세요. 저울에 달아 1kg이 되는지를 확인하고 대충 잘라요.

2. 플라스틱 통에 빗물 10L를 넣고 쐐기풀을 섞어요.

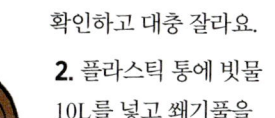

3. 뚜껑을 덮어요. 이틀에 한 번씩 뚜껑을 열고 휘저었을 때 생기는 작은 기포들이 사라질 때까지 휘저어요.

4. 불투명 용기에 얇은 천을 덮은 깔때기를 넣고 쐐기풀 담근 물을 부어 걸러요. 그늘지고 서늘한 곳에 보관해요.

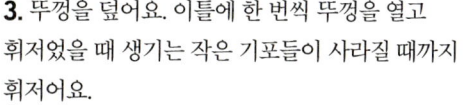

5. 용액을 희석(쐐기풀액 25%, 물 75%)해서 물을 줄 때, 2주에 한 번씩 식물(양배추, 토마토 등) 밑동에 부어요.

물주기는 적당히!

식물도 표현할 수 있어요. 식물 잎이 마르는 것은 목이 마르다는 신호죠. 식물이 이런 신호를 줄 때까지 기다리면 안 돼요. 식물에게는 규칙적으로 적당한 양의 물을 줘야 해요. 그렇지만 식물이 목이 마르지 않을 때도 물을 주는 것은 식물에게 오히려 해가 된답니다.

물뿌리개

자신의 힘에 맞는 물뿌리개가 있어야 해요. 물뿌리개는 물을 흩뿌릴 수 있는 꼭지가 있는 것을 선택하세요. 다만, 이 꼭지는 파종한 곳에 물을 줄 때처럼 명확한 목적이 있어야 사용해요. 평소에는 꼭지를 달지 말고 물뿌리개 '주둥이'로 물을 주세요. 그러면 식물 아래쪽을 정확히 겨냥해서 물을 줄 수 있고 뿌리가 곧바로 물을 흡수할 수 있어요.

물주기 좋은 때

밤에는 식물도 잠을 자요. 해가 뜨면 잠에서 깨어나죠. 해가 뜨면 뿌리는 땅 속 습기에 포함된 수분을 흡수하기 시작해요. 그래서 식물에 물을 준다면 아침에 주는 것이 가장 좋아요. 그렇지만 무더운 여름에는 저녁에 물을 주는 것이 더 좋아요. 그러면 낮 동안 증발되는 수분 양을 줄일 수 있으니까요. 땅은 물을 빨아들이고 새벽이 되면 식물들은 갈증을 해소할 수 있을 거예요. 그 덕에 우리도 조금 늦게 잠자리에 들면 더 고요해진 마음을 느낄 수 있을 거예요.

고랑에 물대기

식물에 물을 주는 가장 단순하고 오래된 방법은 식물을 심은 이랑 사이에 고랑을 얕게 파고 거기로 물을 흘려보내는 것이랍니다. 물이 천천히 흐르기 때문에 그동안 땅이 물을 충분히 흡수할 수 있어요. 호스로 물을 줄 때는 수압이 너무 세지 않게 주의하세요. 수압을 약하게 하려면 헌 양말로 호스 끝을 감싸요. 기막힌 아이디어 아닌가요? 경사가 심할수록 물이 빠르게 흐르니 곳곳에 흙을 쌓아 자그마한 물막이를 설치해요.

인공비를 뿌려요

기후가 건조할 때는 정원에 비를 내리게 할 수 있어요. 솔깃하지 않나요? 고성능 첨단 시설을 이용해 식물에 물을 주는 방식을 스프링클러 시스템이라고 해요. 단점이 없지는 않아요. 잎들이 젖으면서 병충해에 걸릴 위험이 커지고 꽃들은 수압을 잘 견디지 못한답니다. 게다가 스프링클러는 전체적으로 물을 뿌리기 때문에 물을 주지 않아도 되는 곳까지 물이 들이치는 것을 막을 수가 없어요.

스프링클러로 여기저기 뿌려지는 물은 햇빛과 바람 때문에 금세 증발돼요.

똑똑한 물주기!

타이머가 설치된 스프링클러는 적절한 때에 알아서 식물에 물을 주기 때문에 편리해요. 그야말로 정원사들이 꿈꾸던 시스템이죠. 하지만 이 시스템은 설비가 복잡해요. 특히 지하에 설치할 때는 더욱 복잡해진답니다.

한 방울씩 물주기

정원에 있는 호스에는 식물에 한 방울씩 물을 줄 수 있는 드리퍼 노즐이 있어요. 이 노즐을 이용하면 식물 전체를 물에 젖지 않게 하면서 각각의 식물 밑동에 천천히 물을 흘려보낼 수 있죠. 정원사는 세심하게 물주는 시간을 계산해 원하는 만큼의 물을 식물에 공급할 수 있죠. 이 방법은 물을 매우 경제적으로 사용할 수 있기 때문에 건조한 지역에서 주로 많이 이용되고 있어요.

물을 정확하게 한 방울씩 주는 방식은 물이 증발되거나 흘러가면서 발생하는 손실을 줄여줘요. 하지만 이 방식이 모든 식물들에게 다 좋은 것은 아니랍니다.

소중한 씨앗들

꽃은 씨앗을 만들어요. 씨앗이 다 여물면 꽃에서 떨어져 나오죠. 씨앗들은 땅에 떨어지거나 바람에 날아가요. 어쨌거나 여기저기로 흩어지죠. 그렇게 꽃은 후손을 번식하며 종을 지켜낸답니다.

단풍나무의 씨앗에는 '날개'가 있어 떨어질 때 바람개비처럼 돌면서 떨어져요.

살아있는 씨눈

여문 씨앗을 자세히 들여다보면 말라 있어요. 그렇지만 씨앗은 건강하게 살아 있어요. 씨앗 속에는 씨눈이 있고 이 씨눈이 바로 싹이 된답니다. 씨눈은 오랫동안 생존할 수 있어요. 공기가 없어도 물이 없어도 씨눈이 갖고 있는 아주 적은 양 물로도 생존할 수 있지만 갖고 있는 물이 완전히 말라버릴 때, 너무 덥거나 너무 추울 때는 죽을 수도 있어요. 정원에 있는 대다수 식물과 꽃의 씨앗은 스스로 생존할 수 있는 생명력을 갖고 있어요. 즉, 싹을 틔울 수 있는 힘을 짧게는 1년 길면 5년까지 가지고 있답니다. 추운 지방 씨앗들은 겨울에 얼었다 녹아야 발아하는 것들도 있어요.

꽃이 지고 난 후에 해바라기를 그대로 두면 새들이 씨앗들을 다 먹어치울 거예요.

스스로 선별해요

선별한다는 것은 고른다는 뜻이에요. 어떤 씨앗
봉투에는 '엄선한 씨앗'이라고 쓰여 있죠. 품질이 좋은
씨앗이라는 뜻이에요. 우리도 씨앗을 한번 선별해보면
어떨까요? 정원에 예쁜 코스모스가 피었다면, 그
중에서 꽃이 가장 아름다운 코스모스를 선별하고
씨앗이 여물면 그 꽃에서 씨앗을 채취해요. 이듬해
봄에 우리가 선별한 씨앗들을 심으면 가장 아름다운
코스모스를 풍성하게 볼 수 있을 거예요.

씨앗을 위해 존재

야생에서든 정원에서든 식물은
싹을 틔우고 꽃을 피워요.
식물은 자신을 먹어치우는
동물과 재배한 식물을
판매하거나 꽃 핀 모습을
보며 행복해 하는 정원사에게
만족감을 주죠. 하지만 식물은
아무것도 할 수가 없어요.
식물 목표는 번식을 하고 종을
퍼트리는 것뿐이에요. 씨앗이
여물기만 하면 식물에게 살고
죽는 것은 더 이상 중요하지
않아요. 모든 것은 씨앗을
위해 존재하죠! 이것이 바로
식물의 좌우명이에요. 그래서
식물은 뿌리에서 빨아들인 모든
영양분을 씨앗에 집중시켜요.
그렇게 비축된 영양분은 씨앗이
발아되면 새싹을 성장시키는 데
이용되죠.

수천 년 전부터 식물들은 씨앗 덕분에
번식할 수 있었어요. 이집트인들은
오래 전에 루피너스의 씨앗을 먹기도
했답니다.

작은 씨앗이 커다랗게 성장해요!

그토록 기다리던 여린 새싹이 병아리가 알을 깨고 나오듯이 씨앗을 뚫고 나올 거예요. 다만 그렇게 되려면 곤충 공격에서 살아남아야 하고 약간의 참을성도 있어야 하며 운도 따라야 해요.

꼭 필요한 곤충의 역할

식물은 동물처럼 번식을 위해 이동할 수 없어요. 그래서 대부분 식물들은 바람이나 나비, 호박벌, 꿀벌 같은 수분 매개 곤충의 도움을 받을 수밖에 없어요. 과즙과 꽃가루를 좋아하는 곤충들은 자기도 모르게 수술 꽃가루를 몸에 묻혀 암술에 옮겨주죠. 그렇게 해서 식물은 씨앗과 열매를 맺을 수 있는 거랍니다.

곤충은 식물의 친구예요. 곤충들이 사라지면 많은 식물들도 사라질거예요.

지하 땅굴 속에 보관된 씨앗들

잡종 종자들이 증가하고 순수 종자들이 파종되지 않으면 자취를 감추기 시작했어요. 많은 순수 종자들이 완전히 사라지기 전에 대처를 해야 했죠! 그래서 2007년부터 전 세계 다양한 종자 450만 개가 노르웨이 동토 한 동굴에서 보호되고 있어요. 우리나라도 2017년 세계 두 번째로 경북 봉화에 식물 복원을 목적으로 하는 종자보관소를 만들었어요. 어쨌거나 가장 좋은 해결책은 오래된 순수 종자들을 지속적으로 파종하는 것이랍니다.

잡종 종자

어떤 종자 포장을 보면 'F1 종자'라고 쓰여 있을 거예요. 그런 종자들은 일반 종자들보다 훨씬 더 비싸요. 왜일까요? F1 종자는 유전자 조작으로 만든 종자이기 때문이에요. 원래 종자는 꿀벌들이 꿀을 모으면서 옮겨주는 꽃가루 덕분에 수정이 되죠. 꿀벌들이 흰색 꽃의 꽃가루를 같은 종 분홍색 꽃 암술에 옮기면 그 종자가 흰 꽃을 피울지 분홍색 꽃을 피울지 알 수가 없어요. 하지만 생물학자들은 품종 교배를 통해 가루받이를 통제하고 '순수한' 종자들을 원하는 대로 교배할 수 있어요. 그렇게 하면 두 '모체' 특성을 합친 잡종 종자를 만들어 낼 수 있죠.

변덕스러운 발아과정

발아는 싹이 발생해 식물이 성장하기 시작한다는 신호이지만 변덕스럽기 짝이 없고 늘 순조롭게 이루어지지만은 않아요. 씨앗에서 싹이 나와 식물이 성장을 시작한 때를 발아라고 해요. 어떤 씨앗들은 땅에 습기가 있다면 떨어지자마자 발아가 되기도 해요. 또 어떤 씨앗들은 발아가 되지 않고요. 이듬해 봄을 기다리면서 '잠을 자는 거죠.' 모든 식물종 씨앗은 동일한 과정을 거쳐요. 씨앗 포장에 쓰여 있는 설명과 관련된 책을 찾아보면 앞으로 일어날 일을 예상하는 데 도움이 될 거예요.

커다란 참나무도 처음에는 씨앗에서 시작되었어요.

씨앗이 발아할 때

겨울이 지나면 씨앗에서 새싹이 돋아요. 물론 씨앗을 심었을 때 얘기죠. 어렵냐고요? 이론적으로는 어렵지 않아요. 씨앗은 건조한 곳에 두면 수 년 동안이라도 발아할 수 있는 힘을 간직하고 있으니까요. 천 년도 넘은 오래된 루피너스 씨앗 발아를 성공시킨 적도 있었어요! 하지만 씨앗을 상자 안에 보관해두고 잊고 지냈다면 그 씨앗들을 심었을 때 발아가 될 거라고 확신하기 어려워요. 게다가 어떤 방법을 써도 우리는 씨앗이 죽었는지 살았는지를 확인해볼 길이 없어요.

작은 씨앗은 아름다운 식물로 성장할 것이다.

어린 싹

어린 줄기

파종과 모종이식 잘 하는 방법

씨앗 가게, 원예매장, 또는 마트 원예코너에는 꽃이 핀 식물이나 채소 이미지들이 앞다퉈 진열되어 있죠. 너나 할 것 없이 모두 우리의 눈길을 사로잡아요. 하지만 초보 정원사들은 자제해야 해요. 우선 한 번에 한 종류의 씨앗으로 시작해요.

식물 협회와 원예매장에서는 친환경 종자를 판매해요.
그런 종자를 심어보는 것은 어떨까요?

파종트레이를 준비해요

파종은 세심한 보살핌과 센스가 필요한 작업이에요. 좋은 결과를 얻으려면 씨앗을 '대충' 심으면 안 돼요. 스티로폼 상자에 상토(원예용)를 채워요. 흙을 살살 다지며 표면을 수평으로 평평하게 다져요. 연필로 5cm 간격으로 0.5cm 깊이의 고랑을 내요.

파종하기

고랑에 씨앗을 심을 차례예요. 섬세한 작업이니 집중해야 해요! 씨앗이 너무 크면 하나하나 손으로 집어서 심거나 핀셋을 이용하세요. 씨앗이 너무 작으면 모래와 잘 섞어서 뿌리기로 해요. 파종을 하고 나서 밥숟가락의 볼록한 부분을 이용해 흙을 살살 다져주세요.

종이를 반으로 접으면 즉석에서 파종기로 사용할 수 있어요.

꿀팁

고르게 파종하고 싶다면 철망을 준비하고 어른의 도움을 받아 파종판보다 조금 더 크게 철망을 잘라요. 삐져나온 부분은 다듬어요. 철망을 흙 위에 놓고 철망을 기준으로 연필로 흙에 구멍을 내요. 핀셋을 이용해 1~2개의 씨앗을 각각 구멍에 심어요. 흙을 덮고 살살 다져요.

모종 이식하기

모종 이식이란 발아된 새싹을 모종 화분에 임시로 옮겨 심어주는 것을 말해요. 큰 스푼을 이용해 새싹을 조심스럽게 들어내야 여린 뿌리가 다치지 않아요. 들어낸 새싹을 심을 자리에 옮겨 심어요. 성장한 후, 식물의 크기에 따라 심는 간격을 조절해야 해요.

옮겨 심을 땅에 배양토를 조금 섞어주면 안전하게 모종을 이식할 수 있어요.

축축한 정도로만

파종할 때는 흙을 절대로 건조하게 두면 안 돼요. 하지만 '물을 너무 많이 주는 것' 역시 좋지 않아요. 물에 씨앗이 쓸려갈 수 있어요. 이때는 분무기로 물을 뿌려 땅을 촉촉하게 해주세요. 그럼 씨앗을 상하게 하지 않으면서 수분을 공급할 수 있어요. 씨앗에 따라 발아하는 시기는 각각 달라요. 순무 씨앗은 4일 만에 싹을 틔우지만 파슬리의 씨앗은 20일을 기다려야 해요. 인내심을 가져야 해요.

나만의 모종 화분 만들기

정말 쉽게 만들 수 있어요.

- 크래프트 종이
- 가위
- 작은 상자
- 부식토

1. 크래프트 종이를 가로 42cm × 세로 24cm 크기의 직사각형으로 잘라요. 자른 종이를 세로 방향으로 반 접고, 가로 방향으로 3번 접어요. 종이 한쪽 끝을 다른 쪽 끝에 넣어요.

2. 손으로 둥글게 말아 화분의 모양을 잡아요. 화분에 상토를 채운 다음 작은 상자에 나란히 놓으세요. 수월하게 옮겨심기를 할 수 있도록 바닥면은 만들지 않을 거예요.

꺾꽂이를 해봐요

씨앗이 식물이 번식할 수 있는 유일한
수단은 아니에요. 원줄기에서 나온
줄기나 가지를 잘라 꺾꽂이를 해도
뿌리를 내릴 수 있어요. 자연을 본 떠
우리도 그렇게 해보면 어떨까요? 자
이제 꺾꽂이에 도전해요.

이상적인 온도와 습도를 유지하려면
미니 온실을 만들어 봐요.

푸크시아 어린 줄기는 최고의 꺾꽂이
재료예요.

어린 줄기로 꺾꽂이하기

봄이 되면 많은 식물들에게서 새로운 줄기가 뻗어나오죠.
푸크시아나 델피늄이나 개나리 줄기를 하나 채취해요.
정원사들이 하듯 '불필요한 줄기를 제거'하는 것이죠. 아래쪽
잎을 제거하고 줄기 하나를 떼요. 작은 화분에 점성이 낮은
흙(또는 모래나 펄라이트 섞인 흙)을 넣고 이 줄기를 심어요.
화분 크기는 지름 8cm 정도면 충분해요. 화분은 그늘에 두고
흙은 촉촉하게 유지해요. 이렇기 심어놓은 줄기가 길어지기
시작하면 꺾꽂이 한 줄기가 '뿌리를 내렸다'는 신호에요.
성공이에요! 이제 화분을 햇볕이 비치는 곳에 놓아요.

더 쉬운 방법

물꽂이는 꺾꽂이 뿌리를 내리는 가장 간단한 방법이에요. 봄에
줄기 하나를 잘라서 물을 채운 페트병에 담가요. 썩는 것을
방지하기 위해 물 속에 목탄을 조금 넣어요. 며칠이 지나면
잔뿌리가 나올 거예요. 잔뿌리가 3cm 정도로 자라면 꺾꽂이
가지를 상토에 다시 심어요. 이때 여린 뿌리들이 잘리거나
꺾이지 않게 조심해요. 규칙적으로 물을 주세요. 이렇게 하면
협죽도, 베고니아, 봉숭아를 번식시킬 수 있어요.

잎으로 번식시키기

어떤 식물은 자신의 잎들 중 하나가 땅에
묻히기만 해도 뿌리를 내리고 새로운 식물을
탄생시킬 만큼 생명력이 강해요. 아프리카
제비꽃과 베고니아가 그런 경우죠. 우리도 한번
도전해 봐요! 축축하고 영양분이 풍부한 흙에
잎을 깔아준 다음 U자 핀으로 잎을 고정시켜요.
하지만 이 방법이 언제나, 어떤 식물에나 통할
거라고는 생각하지 마세요.

U자 핀으로 잎을 고정시켜요.

어린잎들이 나오기
시작해요.

새로 나온 줄기를
화분에 옮겨 심어요.

나눔을 실천해요!

언젠가 우리는 씨앗을 채집하고 다년생 식물을
포기나누기 하게 될 거예요. 남는 식물들은 어떻게 해야
할까요? 다른 사람들에게 나누어 주는 건 어떨까요?
정원을 가꾸는 즐거움 중 하나는 바로 나눔의
즐거움이랍니다.

비닐봉지를 이용해 꺾꽂이를 해봐요

이 방법으로 장미, 진달래, 셀릭스와 같은 많은
관목들을 꺾꽂이 할 수 있어요.

• 투명 비닐봉지
• 고무줄

1. 장미의 어린 가지를 하나 잘라 잎들을
정리해요(아래쪽에 있는 잎들을 제거해요).
화분에 가지를 심고 물을 주세요. 곧바로
투명 비닐봉지로 화분을 감싸고 고무줄을
묶어요.

3. 새잎이 돋아나고 줄기가 길어지기
시작하면 비닐봉지를 벗길 때가 된
거예요. 2주가 지난 후 꺾꽂이 한
화분을 햇볕이 잘 드는 곳에 놓아요.

2. 흙을 촉촉하게 유지시켜요.
그렇다고 물을 너무 많이 주면 안
돼요. 화분은 그늘에 놓아요.

가지로 꺾꽂이하기

12월이 되면 잎을 떨구고 '겨울잠'을 자는 나무나 관목 꺾꽂이를 할 수 있어요. 곧게 뻗은 어린 가지를 잘라 20cm 간격으로 잘라요. 자른 가지들을 살짝 구부려 흙속에 완전히 묻다시피 심어요. 겨우내 실외에 놓아둬요. 날씨가 따뜻해지면 가지에 물을 줘요. 그러면 잎이 돋아나기 시작할 거예요. 이듬해에 가장 건강하게 자란 가지를 골라 다시 심어요. 이렇게 하면 협죽도, 베고니아, 콜레우스, 봉숭아, 장미, 까치밥나무, 산당화 같은 관목들을 번식시킬 수 있어요.

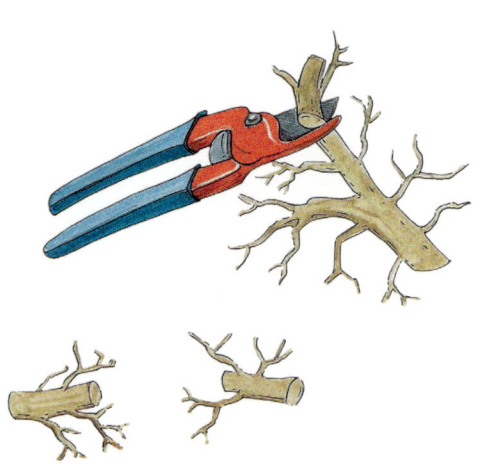

뿌리를 작은 조각으로 잘라요.

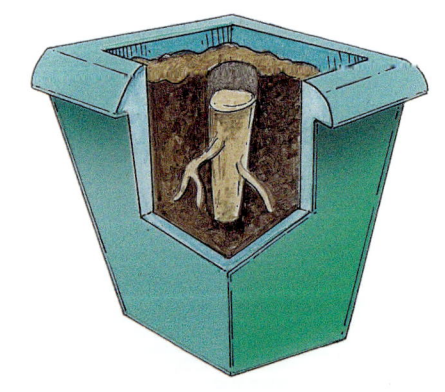

식물이 자라는 방향이 위로 가게끔 뿌리를 심어요.

무화과나무는 쉽게 번식하기 때문에 꺾꽂이 가지에서 잎이 돋아날 거예요. 하지만 꺾꽂이가 성공했는지를 알기 위해서는 따뜻한 봄이 올 때까지 기다려야 해요.

뿌리나누기

뿌리나누기를 하기에 가장 좋은 시기는 겨울이 끝나갈 즈음이에요. 뿌리나누기 하려는 식물 뿌리를 살펴보고 굵기가 0.5~1cm 정도 되는 뿌리를 찾아 10~12cm 길이로 잘라요. 점성이 적은 부식토에 잘라낸 뿌리를 세로로 심어요. 이때 뿌리 방향을 잘 생각해야 해요. 흙 속으로 들어갈 부분과 흙 위로 나오는 부분을 잘 보고 심어야 해요. 2~3달 정도가 지나면 뿌리나누기 한 뿌리가 성장하기 시작할 거예요. 이렇게 하면 플록스, 양귀비, 작약, 안츄사(블루엔젤), 미역취 등을 번식시킬 수 있어요.

자연 휘묻이와 인공 휘묻이

휘묻이란 식물 줄기나 가지가 땅 속에 뿌리를 내려 번식하는 것을 말해요. 자연에서 휘묻이로 번식한 식물들을 발견할 수 있죠. 우리도 휘묻이를 할 수 있어요. 등나무나 인동덩굴처럼 가지가 잘 휘는 식물들을 찾아요. 이 줄기를 땅에 꽂거나 땅속에 묻고 흙을 도톰하게 덮어요. 휘묻이한 가지를 잘 고정시켜요. 1년이 지나면 뿌리가 자라기 시작할 거예요. 그러면 전지가위를 이용해 휘묻이 한 가지를 본가지에서 분리해요. 그리고 다른 곳에 옮겨 심어요. 이렇게 하면 포도나무, 능소화, 라일락, 수국, 까치밥나무, 산딸기나무 등을 번식시킬 수 있어요.

자연적으로 휘묻이 된 가지예요. 뿌리가 내리면 이 가지는 더 굵고 길어질 거예요.

조바심 내지 말아요!

씨앗을 심는 것은 어렵지 않아요. 하지만 작은 잎들이 돋아나는 것을 보려면 며칠은 기다려야 해요. 그동안 우리는 심어놓은 씨앗을 잘 지켜보면서 물을 주고 잡초를 뽑아야 해요. 5~8주를 기다려야 첫 번째 꽃봉오리에서 꽃이 필 거예요. 순무는 20일, 양상추는 2달을 기다려야 해요. 조바심을 내면 안 돼요. 기쁜 마음으로 하루하루 성장하는 식물을 지켜봐요. 자연에서는 '번갯불에 콩 볶듯'되는 일은 아무것도 없어요. 설령 꽃이 핀 식물을 산다고 해도 그 식물 역시 원예사가 인내심을 갖고 키워낸 식물이니까요.

화분에 휘묻이하는 방법을 배워요

휘묻이 할 가지가 조금 짧은 경우가 있을 거예요. 걱정하지 말아요! 땅 속에 화분을 넣어서 휘묻이를 할 수 있어요. 다만 잎이 붙어 있는 가지 끝은 바깥으로 나오게 해요.

1. 플라스틱 화분 옆쪽에 칼집을 내고 칼집 낸 부분 아래쪽에 동그란 구멍을 만들어요. 부식토를 채운 화분을 휘묻이 할 식물 근처 땅 속에 묻어요. 휘묻이 가지를 휘어서 칼집 낸 부분 밑구멍으로 빼주세요. 칼집 낸 부분은 메워요.

2. 1년 정도 지나면 휘묻이 한 가지가 뿌리를 내릴 거예요. 그때 원가지에서 분리해요. 휘묻이 한 가지 뿌리와 거기에 뭉쳐있는 흙덩어리까지 조심히 화분에서 꺼내고 화분은 버려요. 이제 새로운 식물이 하나 더 생겼어요.

지지대 세우기

줄기 속이 비어 있는 식물들이나
가지가 잘 휘는 식물들은 가지를 위로
뻗게 하려면 지지대를 세워야 해요.
보기흉한 말뚝 같은 지지대가 아닌
정원 미관을 해치지 않는 지지대를
세울 수는 없을까요?

잘 가려진 곧게 뻗은 지지대(무늬물대)는 토마토
줄기를 지지해 더 잘 자랄 수 있게 해준답니다.

지지대를 만들어요

그저 나무 막대기를 세워놓기만 해도 지지대가
될 수는 있어요. 하지만 더 좋은 방법이 있어요.
덩굴 식물이 휘감고 올라갈 수 있도록 천연 이끼로
지지대를 만들어요.

- 비닐 코팅된 휘어지는 철망
- 가는 끈
- 뜨개바늘

1. 비닐 코딩된
휘어지는 철망을
가로 60cm × 세로
15cm 크기의
직사각형으로 잘라요.

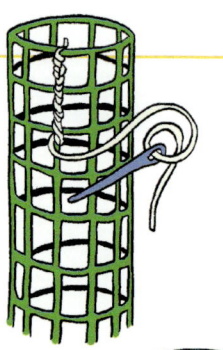

2. 철망을 원통형으로
둥글게 말고 가는 끈으로
가운데와 양 끝을 묶어
고정해요.

3. 뜨개바늘에 긴 끈을 꿰어 철망이
맞닿는 부분을 처음부터 끝까지
엮어 완전히 붙여요.

4. 이 원통을 이끼로
채우고 막대기로
잘 다져요. 이끼로
만든 이 지지대에는
규칙적으로 물을
주어야 해요.

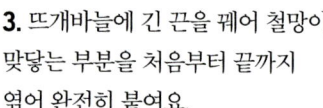

철재 지지대

눈에 띄지 않는 지지대

식물을 든든하게 받쳐주는 지지대는 꼭 필요하지만
눈에 잘 안 띄게 하는 방법은 없을까요? 정원사에게는
많은 해결책이 있어요. 우선 지지대 재질, 지름, 높이가
지지대를 세워줄 식물에 적합한지를 확인해야 해요.
또 식물에게 필요한 지지대 형태와 지지대가 정원에서
차지하는 면적도 고려해야 하고요. 경우에 따라서는
대나무, 철망, 그물, 목재로 된 격자 등을 지지대로
사용할 수 있어요.

다양한 지지대

목재 격자 지지대

• 가는 목재를 사용해 20cm 간격으로 격자를 만들어
  과일나무와 장미의 지지대로 사용해봐요. 원목 그대로 써도
  좋고 흰색 페인트칠을 해도 좋겠죠.
• 심어놓은 개암나무 잔가지를 엮으면 완두콩 지지대로
  간단하고 효과적으로 사용할 수 있어요.
• 길이 2.2m짜리 대나무를 삼각형으로 세우고 꼭대기 부분을
  교차시킨 후, 대나무 하나를 가로로 끼워 지지대끼리
  고정해주면 덩굴 강낭콩과 한련화 지지대로 쓸 수 있어요.
• 시중에서 판매하는 철재로 된 고추 지지대를 구입해서
  페인트를 칠해 사용해도 좋아요.
• 대나무를 가로, 세로로 엮어 가는 끈으로 묶어주면
  완두콩과 오이 지지대로 쓸 수 있어요.

잔가지로 만든 지지대

자연 지지대

자연의 나무는 지지대로 사용할 수 있지만 나무를 타고
자라는 덩굴 식물이 나무의 외관을 해치지 않을 때에만
사용해요. 나무 뿌리가 상하지 않게 주의하면서 가로
40cm × 세로 40cm × 높이 30cm 크기로 깊고 크게
구멍을 파주세요. 이 구멍에 영양분이 풍부한 흙을
채우고 덩굴 식물을 심어요. 줄기를 나무 쪽으로 유도한
뒤 조심스럽게 고정해요. 마지막으로 식물을 심어 놓은
나무 반대편에도 영양분을 줘요. 안 그러면 흙에 있는
영양분을 나무가 다 흡수할 테니까요.

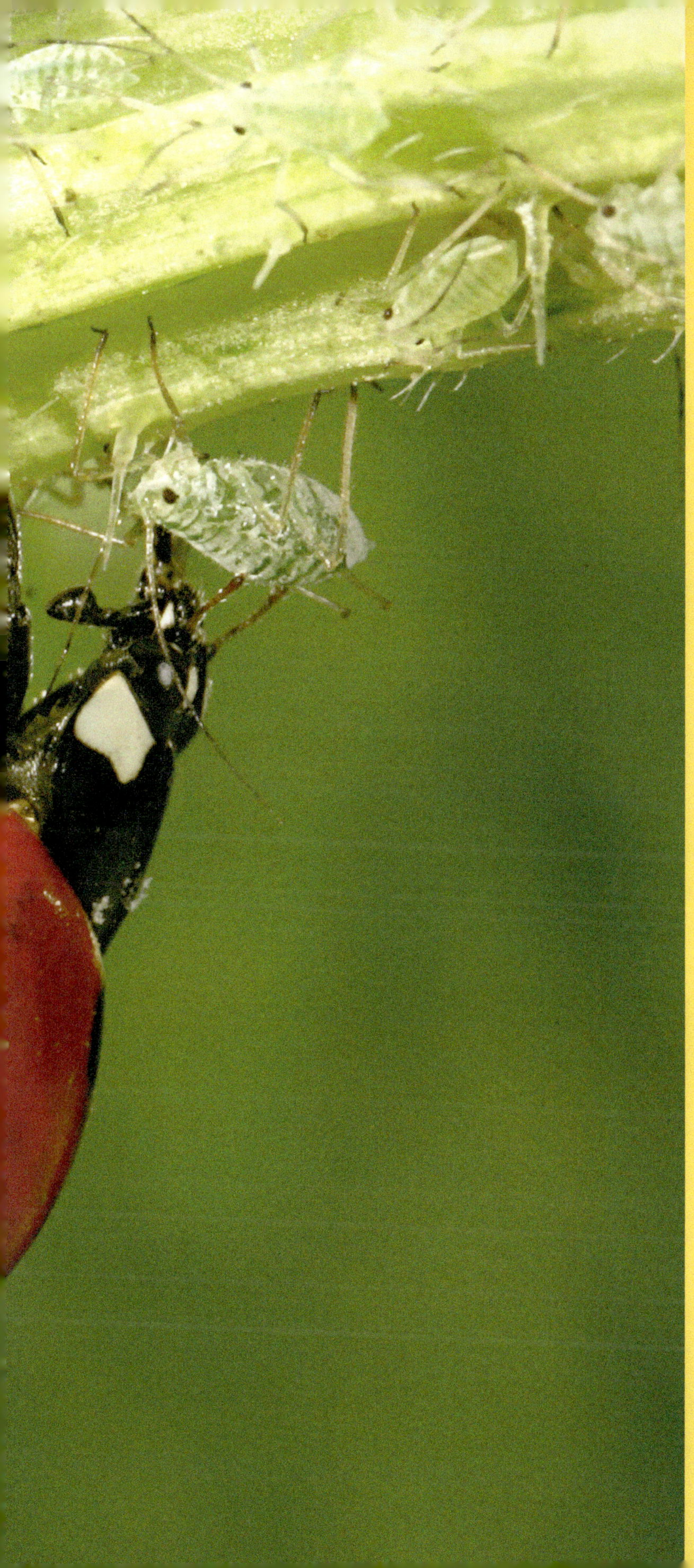

무당벌레는 정원사와 한 팀이에요. 무당벌레가 장미를 공격하는 진딧물을 해치워 주거든요.

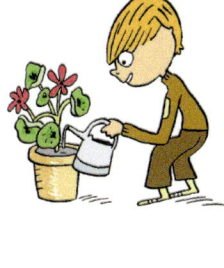

정원을 지키고 보호해요

정원을 가꾸려면 틈틈이 잡초를 뽑고 식물을 해치는 벌레들을 잡아야 해요. 또 변덕스러운 날씨로부터 식물들을 보호하고 식물들의 건강 상태도 수시로 확인해야 하고요. 정말 쉴 틈이 없죠! 하지만 우리가 정원을 성실하게 가꾸기만 한다면 그것은 힘든 노동이 아니라 즐거움이 될 거예요.

환경을 생각해요

환경을 존중하는 정원사는 자연을 사랑해요. 그는 무엇보다도 자연을 이해하려 노력하고 자신의 실수를 자연에게 사과할 줄도 알아요. 또 정원을 자기 마음대로 가꾸려 하기보다는 토양과 기후, 그리고 정원 환경에 맞게 식물들을 키우려고 노력해요.

환경을 존중하는 정원사는 다양한 품종 감자를 재배해요. 비트로트(보라색 감자)로 보라색 퓌레를 만들면 정말 재밌을 거예요!

자연과 함께

환경 보호는 이제 당연한 일이 되었어요. 환경을 존중하는 정원사들이 가장 염두에 두어야 하는 문제이기도 하고요. 프랑스 세계적인 조경 디자이너 질 클레망Gilles Clément, 원예가이자 조경 디자이너이며 식물학자 및 곤충학자-역주 말처럼, 우리는 이제 자연을 길들이려 하는 대신 '가능한 자연과 공존하며 자연을 거스르지 않으려고 하죠.' 그러려면 무엇보다도 자연을 관찰하고 자연에 대해 무엇을 할까 생각하는 시간을 가져야 해요. 또 지역에서 알맞은 종자를 심고 환경 존중을 위해 솔선수범하는 자세를 가져야 해요. 해안 지역에는 해양성 기후에 잘 적응할 수 있는 식물들을 심고 산간지방에서는 추위에 잘 견디는 식물들을 심는 것은 그 좋은 예라고 할 수 있죠.

 **환경을 존중하는 정원사의 십계명**

- 자연을 존중해요.
- 땅을 조심스럽게 일구어요.
- 화학제품은 사용하지 않아요.
- 퇴비는 직접 만들어 사용해요.
- 친환경 비료를 사용해요.
- 물거름을 사용해요.
- 물 절약을 위해 식물 밑동에 짚을 깔아줘요.
- 생물 다양성을 중요하게 생각해요.
- 지역에서 나는 종자를 심어요.
- 곤충, 나비, 그 외의 동물들을 보호해요.

있는 그대로!

인간이 자연에 개입한 결과물이 정원이라 해도, 그것이 자연의 한 부분이라는 사실은 변하지 않아요. 그러니 작품처럼 정원을 완벽하게 만들려고 애쓸 필요는 없죠. 정원 잔디가 여름에는 좀 더 누레지고 장미는 때때로 시들어버리며 잡초가 여기저기서 돋아나는 것을 받아들여야 해요. 모든 것을 통제하려 하지 말고 자연이 하게끔 내버려둬요. 해충이라고 진딧물을 모두 없애면 그것을 잡아먹는 무당벌레도 사라질 거예요. 또 잔디를 너무 짧게 깎으면 곤충들은 더 이상 먹이를 구할 수 없겠죠. 번식을 위해서 몸을 숨길 장소를 찾기도 어렵게 될 거고요.

위기에 놓인 생물 다양성

사과 품종이 1,000개가 넘는다는 사실을 알고 있나요? 토마토 품종은 500개, 양상추 품종은 50개가 넘는다는 사실은요? 검은색 감자, 분홍색 토마토가 있다는 사실은요? 고작 150년 전만 해도 채소 종류는 500개가 넘었어요. 오늘날 시장 가판대나 특히 마트 진열대에 놓인 겨우 몇 십 종의 채소들을 생각하면 그렇게 많은 품종이 있었다는 사실은 상상하기도 어렵죠. 맛보다는 내성을 강하게 하기 위해 '산업적'으로 개발된 품종(이런 품종들은 어떤 환경에서도 잘 자라고 장거리 수송에도 잘 썩지 않아요)들은 다른 품종들 자리를 빼앗고 있어요.

간단히 망을 치기만 해도 열매를 먹어치우는 새들과 곤충들로부터 과일나무를 완벽하게 보호할 수 있어요!

오늘의 메뉴: 보라색 감자칩과 무지개 샐러드!

생물 다양성을 보존하고자 하는 많은 협회에서는 사라져가는 품종들을 다시 우리 땅에 뿌리내리게 하려 노력하고 있어요. 우리도 사라져가는 품종들을 심어 생물 다양성 보존에 힘을 보태면 어떨까요? 그렇게 키운 특별한 채소들로 만든 음식을 보고 놀라는 손님들 얼굴을 상상해요. 정말 재미있을 거예요.

친환경 정원의 재주꾼들

정원사들은 경제적이고 친환경적인 이 재주꾼들을 무척 좋아해요! 먼저 쐐기풀은 특별한 녹비이기도 하지만 해충을 물리치고 땅속 미생물을 보호해요. 무당벌레는 재주꾼 중의 재주꾼이에요. 이 작은 곤충은 서로 먹고 먹히며 정원 환경이 균형을 잡을 수 있게 해줘요. 또 무당벌레는 정원사에게 없어서는 안 되는 곤충이에요. 무당벌레가 진딧물을 먹어 치우기 때문이죠. 그래서 대개 정원사는 무당벌레가 겨울을 날 수 있도록 거처를 마련해준답니다.

이런 제도는 어떨까요?

AMAP(프랑스 지역 농업 지원 협회)에 가입한 회원들은 지역 농민이 수확한 농산물 '꾸러미'를 정기적으로 공급받을 수 있어요. 이를 통해 생산자는 포장재를 낭비하지 않고 운송거리도 줄일 수 있죠. 소비자는 보다 저렴하게 과일과 채소를 구입할 수 있고요. 정말 흠잡을 데 없는 방식이죠!

야생식물을 알아볼까요?

바람, 새, 고슴도치, 토끼, 우리 신발의 밑창에 이르기까지. 온갖 방법을 이용해 야생 식물 씨앗은 이동을 하죠. 자연은 씨앗을 이곳저곳에 퍼트리며 인간을 이롭게 하고 즐겁게 해준답니다. 우리 정원에서도 야생 식물을 키워보면 어떨까요?

야생식물은 잡초다?

어떤 야생식물 씨앗들이 우연히 우리 정원에 들어올 때가 있어요. 정말 잘 된 일이에요! 그저 씨앗이 싹을 틔우고 자라나는 것을 보기만 하면 되니까요. 왜 야생 식물을 좋아하지 않나요? 이런 식물들은 본래 소, 염소, 양, 토끼, 그 외 수많은 초식동물에게 먹이를 제공해 준 훌륭한 식물들이었어요. 하지만 이런 야생 식물들이 정원에 많아지고 퍼져나가면 우리가 애써 가꾼 예쁜 식물들을 해치게 될 거예요. 그렇다면 정원 한 쪽에 야생 식물만을 위한 자리를 마련하면 어떨까요?

바람이 씨앗을 옮겨주는 민들레는 쉽게 번식해요.

개밀은 가장 골치 아픈 잡초예요. 땅에 깊이 박힌 각각의 줄기가 새로운 줄기를 또 만들어낼 수 있죠.

냉이 씨앗은 하트 모양이에요. 냉이는 쉽게 잘 뽑히고 겨울에는 죽어요.

힘을 내요!

잡초는 틈틈이 제거해야 하고 나타나는 즉시 뽑아야 해요. 빠르게 대처할수록 더 쉽고 효율적으로 잡초를 제거할 수 있어요. 이제 겨우 뿌리를 내린 새싹은 잡초의 공격을 버텨내지 못해요. 식물을 심지 않은 땅이라면 괭이로 잡초를 제거하고 식물을 많이 심어 놓은 땅이라면 도구를 쓰기보다는 손으로 잡초를 제거하는 것이 가장 좋아요.

손으로 잡초 뽑기

쪼그려 앉아서, 무릎을 꿇고, 아니면 허리를 숙여 화단에서 '잡초'를 뽑아요. 엄지와 검지로 조심스럽게 하나하나 잡초들을 뽑아요. 뽑은 잡초는 바구니에 넣어요. 뽑아서 그냥 땅에 놓아두면 비를 맞고 다시 뿌리를 내릴 수 있거든요. 정원에 블록을 깔았다면 잡초를 뽑고 난 후 블록들 사이사이에 채소를 데치고 난 뜨거운 물을 뿌려주세요. 그럼 잡초들이 다시 자라나지 못할 거예요!

바랭이에는 '손가락' 모양 이삭이 달려 있고 잘 뽑히지 않아요. 뿌리가 강하고 줄기가 잘 부러지기 때문이죠.

현호색은 빠르게 자라고 번식해요. 강추위를 견디지 못해 겨울에는 죽어요. 하지만 씨앗은 봄이 되면 싹을 틔워요.

갈퀴덩굴은 겉보기에 연약해 보이지만 갈퀴 모양 가시가 있어 달라붙을 수 있기 때문에 기어오르며 길게 자랄 수 있어요.

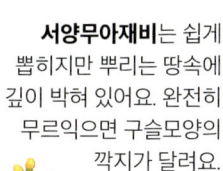

서양무아재비는 쉽게 뽑히지만 뿌리는 땅속에 깊이 박혀 있어요. 완전히 무르익으면 구슬모양의 깍지가 달려요.

방가지똥의 줄기는 속이 비어 있어서 쉽게 부러지지만 뿌리는 깊이 박혀 있기 때문에 다시 자라날 수 있어요.

잡초의 복수!

서양메꽃, 방가지똥, 민들레는 제거하기 어려운 잡초예요. 잡초를 제거하고 뿌리를 땅에 그냥 두면 며칠 지나지 않아 새로운 줄기가 다시 나올 거예요. 방가지똥과 민들레는 삽으로 땅을 깊이 파서 제거하도록 해요. 서양메꽃은 더 '끈질겨요.' 서양메꽃 위에 작은 화분을 덮어요. 그리고 화분의 구멍을 막아요. 8~10주가 지나면 서양메꽃과 그 뿌리가 죽을 거예요. 빛이 조금도 들어오지 않으면 어떤 식물도 살아남을 수 없으니까요.

개쑥갓은 생명력이 무척 강해서 사계절 내내 싹을 틔우고 성장해요. 많은 병균들이 이 식물의 잎에 붙어 겨울을 나니 조심해야 해요!

서양메꽃도 빠질 수 없어요! 생명력이 강하고 번식력이 왕성한 이 식물은 뿌리를 깊게 내려 뽑기가 어려워요.

별꽃은 조심히 뽑아야 해요. 줄기가 잘려도 뿌리가 자라 또 다시 새로운 줄기가 나오니까요.

큰개불알풀의 귀여운 푸른색 꽃에 속으면 안돼요. 이 잡초는 무섭게 번식하니까요. 하지만 뽑기가 어렵지는 않아요.

의사선생님, 식물이 아파요

식물에 반점이 생기거나 잎이
물러지고 누레지거나 줄기가
아래로 구부러졌다면 식물이
아프다는 신호예요. 물을 너무
많이 주거나 적게 주어서 그런
것 같다고요? 아니에요. 식물이
그렇게 되었다면 세균이나 바이러스
공격을 받은 것일 수 있어요.

초여름에 배나무는 종종 붉은별 무늬병(잎과 과실에 발생하는
곰팡이병)에 걸려요. 이 병을 유발하는 곰팡이 포자는 향나무에서 번식해요.
그래서 향나무가 있는 곳에는 배나무를 심지 않아요.

세균과 바이러스

식물을 공격하는 세균, 바이러스, 해충,
곰팡이는 동물을 공격하는 바이러스와
다르게 인간에게는 전염되지 않아요. 모든
생명체가 그렇듯 식물은 질병을 방어할
수 있어요. 식물은 대체로 혼자서도
질병을 이겨낼 수 있죠. 그래서
식물이 병에 걸렸다는 것을 우리가
눈치 채지 못하고 넘어갈 수도
있죠. 하지만 제때 치료하지 않으면
식물은 심각하고도 치명적인
질병의 공격을 받을 수 있어요.

야자나무에 가루깍지벌레라는 해충이 생겼어요.

의사선생님, 빨리요!

식물 치료사는 간단한 전화 한 통으로 부를 수 없어요. 식물이 병에 걸렸을 때 의사 역할을 하는 사람은 숙련된 원예사예요. 눈이나 돋보기로 보기만 해도 질병과 해충들을 알아낼 수 있거든요. 아니면 할아버지나 이웃에게 도움을 청해보면 어떨까요? 경험이 많은 어른들은 우리에게 병든 식물을 어떻게 치료해야 하는지 알려주실 거예요. 우리도 스스로 원예에 관한 책을 찾아보거나(도서관에서) 어른들과 함께 인터넷에서 해결책을 찾아보면 좋을 거예요.

빨간 응애가 거미줄을 쳐 봉숭아를 숨 막히게 하고 있어요.

연약한 장미

대부분 장미는 병충해에 무척 취약해요. 그래서 잎에 하얀색 오이듐균(흰색 가루 곰팡이)이 뒤덮이거나 갈색 반점이 생기기도 하죠. 질병에 상관없이 잎이 누레지고 말랐다면 즉시 제거해요. 제거한 잎들은 퇴비에 섞지 말고 불태워서 감염균을 없애요. 그리고 나서 친환경 원예전문매장을 찾아 쇠뜨기나 유황으로 천연 액체비료를 만들어 식물을 치료하는 방법을 배워요.

작은 상처 치료하기

정원을 가꾸다 보면 장미 가시에 찔릴 수도 있고, 나뭇가지에 긁힐 수도 있고, 도구를 사용하다 다칠 수도 있어요. 그때는 재빨리 상처를 소독해야 해요. 피가 계속 난다면 반창고를 붙여주세요. '처치'를 하기 전에는 당연히 손을 먼저 손을 씻어야겠죠. 상처가 났을 땐 파상풍을 조심해야 해요. 파상풍은 작은 상처에도 침투하는 무서운 감염성 질환이에요. 파상풍 예방주사를 맞았겠지만 5년에 한 번씩 반드시 재접종해야 하는 것도 잊지 말고요. 부모님께도 알리면 좋겠죠?

치료보다 예방이 먼저!

식물을 병에 걸리게 놔두고 치료를 하는 것보다는 예방을 하는 편이 더 낫겠죠. 식물들을 건강하게 만들어 병충해를 이길 수 있는 힘을 기르고 정원 생물 다양성을 보호하는 것이 예방이 될 수 있어요. 온갖 곤충들이 정원에 서식한다면 천적 관계 곤충들은 해충들을 자연스럽게 없애 줄 테니까요. 살충제나 살진균제를 사용할 때는 식물성 원료로 만든 것을 사용하고 적정량을 지켜요. 그럼 땅은 분명 우리에게 고마워할 거예요.

동물과 곤충은 적군일까 아군일까?

정원은 살아있는 공간이에요. 공기, 물, 땅, 식물과 동물에 이르기까지 자연에서 볼 수 있는 온갖 것들이 다 모여 있지요. 우리가 생각하는 것보다 훨씬 더 많은 동물들이 정원에 살고 있어요. 그중에는 불청객도 있고 잠시 머물다 가버리는 나그네도 있고 정원에 자리를 잡고 살아가는 터줏대감들도 있어요.

나비는 꽃이 만든 꿀로 영양분을 보충해요. 그리고 자기도 모르는 새 꽃의 가루받이를 해주죠.

무당벌레

아군인가 적군인가

정원에 사는 동물들 중에는 진짜 적군들이 있어요. 꽃과 채소 새순을 먹어치우는 민달팽이는 정말 골칫거리예요. 반면 고슴도치는 아군이에요. 민달팽이와 달팽이를 먹어치우니까요. 또 작은 무당벌레들은 진딧물을 잡아먹어요. 하지만 많은 동물들은 아군인 동시에 적군이기도 해요. 그래서 정원에서 없애버리기 전에 잘 생각해야 해요. 티티새는 우리가 심은 딸기를 쪼아 먹기는 하지만 애벌레를 잡아먹어요. 또 티티새 소리는 정원을 명랑하게 해요.

티티새 암컷

티티새 수컷

진정한 아군

몇몇 작은 곤충들은 우리의 진정한 아군이에요. 지렁이는 굴을 파고 썩은 잎과 흙을 먹으면서 자기만의 방식으로 땅을 경작해요. 그리고 먹은 것들을 똬리 형태로 땅 위에 배설해 거름이 될 수 있게 해주죠. 꿀벌과 뒝벌은 이 꽃에서 저 꽃으로 옮겨 다니면서 가루받이를 해 씨앗이 번식할 수 있게 해요. 가장 튼튼한 뒝벌은 꿀벌들이 들어가지 못하는 꽃 안쪽까지 파고들 수 있어요. 벌들은 절대 먼저 공격하지 않아요. 오직 자신을 방어할 때만 침을 쏘죠. 그러니 벌들을 무서워 할 필요가 없어요.

뒝벌

지렁이

위기에 놓인 꿀벌들

꽃 가루받이에 꼭 필요한 우리 아군들이 위기에
빠졌어요. 우리가 같은 종류 채소들만 재배하며
꿀벌들 서식지가 사라지게 되었고 생물 다양성도
위협받고 있죠. 또 꿀벌들은 살충제 공격을
당하기도 했어요. 살충제에 노출된 벌들은 이제
더 이상 꽃을 구분하지 못하고 벌통까지 가는
길을 찾지 못한다고 해요. 우리가 나설 때예요.
베란다나 정원에 꿀이 나는 식물을 심거나
곤충호텔을 만들어 둔다면 꿀벌들을 도울 수
있을 거예요.

파리와 말벌을 잡을 덫을 만들어요

말벌은 위험한 곤충이에요. 말벌에 쏘이면 생명을
잃을 수도 있어요. 그러니 말벌을 없애는 게 좋아요.
그러나 주위에 말벌집이 있으면 119에 연락해야
해요.

- 플라스틱 물통
- 가는 막대기
- 가는 끈

1. 플라스틱 물통 주둥이 부분을 2~3cm 정도 칼로
잘라요. 자른 부분을 뒤집어서 물통에 집어넣어요.
잘린 두 부분이 똑같은 높이로 겹쳐질 때까지
집어넣어요.

2. 물통 양쪽에 구멍을 두 개 뚫어요. 덫을 걸어 놓을
수 있도록 구멍을 관통해 가는 막대기를 끼워주세요.

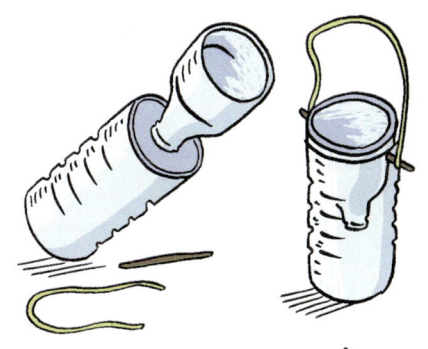

3. 막대기에 가는 끈을
묶어주세요. 이 통에 포도주,
물, 설탕을 섞은 물을
부어요. 달달한 것을
좋아하는 말벌과
파리가 통 안에
들어오기만 하면
절대로 빠져나가지
못할 거예요.

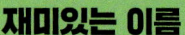

두더지

두더지를 조심해요

여러분은 두더지를 본 적이 있나요? 윤기 나는 진회색 털, 뾰족한 주둥이, 두툼한 발을 가진 작고 귀여운 동물 말이에요. 이 귀여운 동물을 잡아야 한다는 생각은 해본 적이 없을 거예요. 하지만 지렁이를 잡아먹고 사는 두더지들은 지렁이를 잡기 위해 땅 속에 굴을 파고 이것이 식물의 뿌리를 손상시킨답니다. 두더지가 판 굴은 잔디를 망가뜨리기도 하죠. 한편 땅강아지는 애벌레와 지렁이를 잡기 위해 땅 속에 굴을 파요. 땅강아지들은 서슴지 않고 뿌리를 잘라버리고 새싹을 헤집어 놓아요.

땅강아지

재미있는 이름

땅강아지는 프랑스어로 농가의 작은 뜰을 가꾸는 사람이라는 뜻의 Courtilière라고 해요. 정말 재미있는 이름 아닌가요!

북숲쥐

들쥐는 위험해요

정원에는 쥐 친척들이 아주 많아요. 집쥐, 들쥐, 밭쥐에 이르기까지 이 골치 아픈 동물들은 정말로 달갑지 않은 손님들이에요. 쥐들은 구멍을 파고 나무를 갉아먹고 이것저것 다 먹어치우니까요. 똑똑한 고양이는 이런 적들을 물리쳐 줄 거예요!

짧은꼬리밭쥐

인정사정없는 적들

풍뎅이 유충, 송충이, 방아벌레
유충은 벌레라고 할 수는 없어요.
하지만 이런 유충들은 식탐이
엄청나요! 줄기에서 뿌리로
이어지는 부분을 잘라 먹고는
근처에 있는 식물로 옮겨가기
일쑤죠. 민달팽이와 달팽이는
어린 싹들을 먹어치우고 양상추
잎도 좋아해요. 정원에 큰 피해를
입히죠. 이런 곤충들은 정원사의
가장 큰 적이에요.

흰입술정원달팽이

회색 민달팽이

갈색정원달팽이

붉은 민달팽이

송충이

풍뎅이 유충

방아벌레 유충

애벌레를 조심해요!

나비는 정말 예뻐요. 하지만 나비를 탄생시키는 애벌레는 게걸스러운
곤충이에요. 잘 관찰하면 애벌레들이 얼마나 빨리 잎사귀들을 먹어치우는지
알 수 있어요. 정원에 심어 놓은 채소 잎사귀에 붙어 사는 애벌레들을
제거해야 해요. 잎사귀 아래 붙어 있는 애벌레 알을 찾아 제거하면 더욱
좋겠죠.

덫을 놓아요

민달팽이와 달팽이를 쉽게 제거할
수 있는 '노하우' 몇 가지를
알려줄게요.

• 저녁에 땅 위에 작은 널빤지를
  놓아두면 민달팽이가 그 아래로
  숨어들 거예요. 아침이 되면
  널빤지에 붙어 있는 민달팽이를
  제거해요.

• 화분을 뒤집어서 밑에 돌을
  받치고 달팽이가 들어갈 수
  있는 입구를 조그맣게 만들어요.
  그럼 달팽이가 화분 안으로
  들어갈 거예요. 그렇게 해서
  달팽이가 많이 모이면 자연으로
  돌려보내요.

정원 모든 식물들이 얼음옷을 입었어요.

겨울 정원 관리

흥미롭고 다채로운 원예잡지를 보면 다른 기후에서 꽃을 피우는 이국적인 식물들이 우리 눈길을 사로잡아요. 그래서 그런 식물들을 정원에 심을 수도 있겠죠. 하지만 그런 식물들은 추위를 견디지 못해요. 첫 해 여름에는 정말 기쁠 거예요. 독특한 꽃들이 만발해 화단을 화려하게 수놓을 테니까요. 하지만 겨울이 되면 그 식물들은 어떻게 될까요?

도움이 필요할까요? 스스로 이겨낼까요?

외국에서 온 식물들은 수세기 전부터 대체로 환경에 적응해왔어요. 하지만 이런 식물들은 본래 기후에 민감하답니다. 달리아와 제라늄은 추위를 견디지 못하지만 봄을 기다리며 월동을 할 수 있어요. 그러니 겨울에는 이 식물들을 실내에 들여놓으세요. 반면 백일홍, 코스모스, 메리골드는 겨울을 나지 못해요. 하지만 걱정 말아요. 씨앗 일부가 흩어져서 봄에 다시 꽃을 피울 테니까요. 델피늄과 루피너스는 어떨까요? 겨울이 되면 잎과 줄기가 다 없어져 버려요. 하지만 뿌리가 살아있다면 날씨가 따뜻해졌을 때 다시 꽃을 피울 수 있답니다. 우리나라 중부지방에서는 불가능해요.

봄까지 기다릴 수 없다면

3월만 되도 우리는 씨앗을 뿌리고 싶어 손이 근질근질할 거예요. 하지만 날씨는 여전히 춥고 씨앗을 뿌리기에는 너무 일러요. 하지만 시도해볼 수 있지 않을까요? 부식토를 담은 컵에 씨앗 몇 개를 심고 가능한 따뜻하고 볕이 잘 드는 창가에 놓아요. 그럼 새싹이 돋아날 거예요. 하지만 이 새싹은 무척 연약해요. 정원에 다시 심기 전에 새싹을 강하게 만들려면 실외에 적응할 수 있도록 바깥에 잠깐씩 내어놓고 햇볕을 쬐게 해요!

정원사가 백당나무를 보호해주지
않아서 얼어버리고 말았네요.

얼음이 얼기 시작해요

온화한 기후에서는 겨울에도
오랫동안 기온이 영하로
내려가지 않아요. 하지만
겨울에 영하로 내려가는 추운
지역에서는 식물이 얼어
죽어요. 훌륭한 정원사라면
추위에 대비해 미리미리 보호
장치를 해두겠죠. 하지만
추위가 지나가면 식물이
호흡을 하고 빛을 쪼일 수
있도록 보호 장치를 제거해야
해요. 식물은 겨울에 여러
차례 냉해를 입을 수 있으니
반복해서 이런 조치를 해야 할
거예요.

긴급조치

심각한 냉해를 방지하려면 대비를
해야 해요. 덮개와 온갖 종류 비닐
뽁뽁이는 정말로 유용해요. 공기가 잘
통하고 가벼운 흰 천을 덮어주기만 해도
충분하고요. 때로 매우 강력한 한파가
오랫동안 지속된다면 뽁뽁이 밑에 천을
덧대어 깔아요. 북풍이 불어오고 기온은
내려가고 하늘이 투명해지면 곧 얼음이
얼겠죠. 추위에 가장 취약한 식물들은
헝겊 포대나 헌 담요를 덮어 보호해요.

제때에 식물을 보호 하려면 일기예보에 귀를 기울여야 해요.

제라늄을 층층이 매달아 외관을 꾸민 집의 모습이에요.

혼동하지 마세요!

우리는 '제라늄'만을 제라늄이라고 부를 수 있어요.
당연하죠. 하지만 제라늄과 무척 닮아 우리를 헷갈리게
하는 사촌 식물이 있어요. 바로 '펠라고니움'이죠.
진짜 제라늄을 구별하려면 우선 꽃잎이 다섯 장인지
살펴보고 냄새를 맡아봐요. 펠라고니움과 다르게
제라늄은 어떤 향기도 나지 않아요.

화분을 대피시켜요

일기예보에서 첫 얼음이 얼 거라고 예보하면
화분들을 실내로 들여놓아요. 조금 어둡긴 해도
창고에 두면 좋을 거예요. 제라늄은 그 안에서
겨울을 나겠지만 4월이 되어 제라늄을 다시
보면 잎이 누렇고 시들어 있을 거예요. 제라늄이
회복되려면 몇 달은 걸릴 거예요. 겨울에
화분들을 온실에 두면 좋겠지만 누구나 온실을
갖고 있지는 않아요. 그럼 집안에서 온실과 같은
장소에 두면 되겠죠? 제라늄을 창가에 두면
가을에 줄기를 잘라주지 않아도 빨리 꽃을 피울
수 있을 거예요.

제라늄에 대해 알아볼까요?

제라늄 화분을 얻거나 선물 받았다면 구석에
그냥 두지 마세요! 제라늄을 잘 보살피고
보호해요. 제라늄도 성장하고 꽃을 피우기
위해 우리 도움을 필요로 하는 하나의
생명체랍니다.

키우기 쉬워요

생명력이 꽤나 강한 제라늄은 강렬한 색깔의
아름다운 꽃이 피죠. 초보 정원사에게는 최고
식물이에요. 그렇다고 돌보지 않아도 된다는
얘기는 아니에요. 주말에 돌보면 된다고
생각하면서 주중에는 꽃을 등한시 하면 안 돼요.
식물은 꾸준하고 성실하게 돌봐야 해요. 매일매일
몇 분쯤은 식물에게 관심을 가져요. 규칙적으로
물을 주고, 시든 꽃은 바로 제거해요.

푸크시아 꽃 같은 자주색, 옅은 분홍색, 진한 붉은색, 보라색,
흰색에 이르기까지 제라늄 색깔은 정말로 다양하답니다.

물은 며칠에 한 번씩 주나요?

비가 자주 오는 시기에는 제라늄에 물을 줄 필요가 없어요. 하지만 이틀 연속 강한 햇볕을 받았다면 물을 조금 주세요. 흙이 수분을 머금고 다시 촉촉해지도록 화분 받침에 물을 가득 채운 뒤 15분간 화분을 담가요.

생명력이 강해요!

겨울이 끝나면 제라늄은 다시 새순을 틔울 준비를 해요. 제라늄이 겨울을 나는 법을 배운 거예요. 당장에는 건강해 보이지 않겠지만 며칠만 햇볕을 쬐면 제라늄은 에너지와 활기를 되찾을 수 있을 거예요. 관리를 잘해주면 우리는 거의 이십년까지 제라늄을 볼 수 있어요. 또 가장 건강한 가지들로 꺾꽂이를 해주는 것도 제라늄을 오래 볼 수 있는 방법이에요.

펠라고니움에 코를 대고 향기를 한번 맡아보세요.

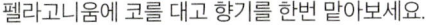

월동을 위한 제라늄 분갈이

제라늄을 땅에 심었다면 뽑아주고 화분에 심었다면 파내요. 어쨌거나 철저히 준비를 마친 후에 월동을 위한 분갈이를 하는 것이 좋아요.

1. 그해에 나온 건강한 새순만을 남기고 병들거나 상한 잎들을 모두 제거해요.

3. 흙을 털어내고 뿌리 아래쪽을 잘라 정리해요.

4. 깨끗한 화분에 제라늄을 옮겨요. 거름을 몇 줌 섞은 부식토를 채워요. 화분에 물을 주고 물기가 빠지면 실내로 들여놓아요.

2. 친환경 '병충해' 예방약을 뿌려요. 잎 앞면과 뒷면에 모두 뿌려야 해요.

정원 관리 장부를 작성해요

식물을 심으면 병충해를 관리하고 잡초를 뽑고 수확도 해야 해요. 정원에서 해야 할 일을 다 기억하기는 어려워요. 씨앗을 심고도 새싹이 돋아나지 않는다면 우리가 땅에 심은 것이 무엇이었는지 알 길이 없죠. 어떤 것도 잊어버리지 않고 정원을 더 잘 가꾸기 위해 관리장부와 분류파일을 사용해보면 어떨까요?

언제든 기록할 수 있는 수첩을 준비해요

호주머니에 작은 수첩을 넣어요. 산책을 하다가 발견한 자연에 대한 관찰기록, 다른 정원을 방문했다가 마음에 든 식물들 이름, 베테랑 정원사 조언들까지 온갖 정보를 수첩에 메모해두면 요긴하게 쓸 수 있어요. 집에 오면 노트에 다시 옮겨 적어요. 그렇게 하면 마음에 들었던 식물들을 원예매장에서 다시 찾아볼 수도 있고 조언을 활용해볼 수도 있을 거예요. 그림에 소질이 있다면 스케치북을 가지고 다니며 그림으로 기록해도 좋겠죠.

정원에서 한 일을 기록해요

무엇을 어디에 심었는지 기억하나요? 정원에 심은 식물들을 구분하기 위해 종이에 정원을 그려보세요. 구획을 나누고 각각의 칸에 심어 놓은 식물들을 표시해두면 명확하게 구분할 수 있을 거예요. 구획마다 색을 정해서 칠하면 훨씬 눈에 잘 들어올 거예요. 매년 이렇게 작성해서 분류파일에 보관해둔다면 정원이 변화하는 과정을 한눈에 볼 수 있을 거예요.

기록판을 만들어요

정원에 심어놓은 식물들을 칠판에 적어 분류해요. 줄을 그어 칸을 만들고 세로 칸에 정원에서 하는 작업을 단계별로 적어요. 각각의 식물들에 대해 파종, 모종, 수확, 개화시기를 적는 거예요. 이렇게 하면 한 해의 계획을 세울 수 있고 해야 할 일을 정리할 수 있을 거예요. 또 얼음이 어는 시기, 건조한 시기, 병충해와 같이 특별히 주의해야 하는 사항들도 함께 적어두면 좋을 거예요.

정원을 그려요

정원의 색들과 빛을 좋아하나요? 그러면
수채화를 그려요. 붓 터치 몇 번으로
우리는 가장 아름다운 방식으로 정원의
사계절을 화폭에 담을 수 있어요. 달마다
커다란 분류파일에 그림을 보관해요.

정원 사진첩을 만들어요

우리는 여름휴가 동안 떠났던 여행에서 찍은
사진들을 앨범에 정리해놓죠. 마찬가지로 정원의
모습을 담은 사진을 찍어 앨범을 만들어 보는 것은
어떨까요?

- 50 × 40cm 정도 노트
- 가위
- 풀
- 사진 정리 재료(가는 끈, 라피아끈, 빈 씨앗
  봉투 등)

1. 다른 계절, 다른 시간에 꾸준히 정원의 모습을
찍어요.

2. 전체 풍경, 클로즈업한 곤충 또는 여러 형태와
빛깔의 꽃잎들까지 다양한 주제로 사진을 찍어요.

3. 노트에 사진들을 붙여요. 아침 이슬이 맺힌
꽃봉오리, 한낮에 활짝 핀 꽃, 해가 진 뒤에
봉오리를 오므린 꽃처럼 시간 순으로 사진을
배치해서 정원의 이야기를 만들어요.

4. 철끈, 풀잎, 작은 나뭇가지들을 이용해
노트를 한장한장 꾸며요. 비어있는 알록달록한
씨앗봉투를 작게 잘라 노트에 붙여도 좋아요.

정원은 가꾼 사람의 선택과 노력, 그리고 감정을 그대로 보여줘요.

정원 가꾸기

정원 가꾸기는 온가족이 함께 해야 해요. 우리는 정원을 가꿀 때 해야 하는 일들에 대해 의견을 내놓고 싶어 할 거예요. 그렇다면 망설이지 마세요! 단, 터무니없는 의견을 내서는 안 되겠죠?

어디서부터
시작할까요?

정원은 끊임없이 변화해요. 집안에서 정원을
바라보다 보면 무언가 변화를 주고 싶다는 생각이
들곤 하죠. 하지만 머릿속에 있는 생각을 다
실현할 수는 없어요. 시간과 비용, 그리고 정원사
의지가 뒷받침되어야 하니까요. 또 정원 가꾸기는
단 며칠 만에 해치울 수 없는, 수 년 동안 공을
들여야 하는 작업이기도 하니까요.

농사를 지어 본 할아버지, 할머니는 우리에게 많은 정보를
줄 수 있어요! 눈을 크게 뜨고 그 분들 말에 귀 기울이고
적극적으로 정원 가꾸기에 동참해요.

현명한 계획

우리가 정원 가꾸기를 할 만한 나이가 되면
정원은 이미 완성되어 있을 거예요. 그렇다면
가족들과 새로운 공간에 새로운 정원을
만들면 어떨까요? 원예책자에 제시된 계획을
그대로 따라가는 것은 불가능해요. 정원
모습은 지역, 토양 성질, 정원을 가꾸는 목적,
집 위치, 그리고 정원을 가꾸는 사람들 바람에
따라 달라지니까요.

사소한 차이

잔디, 띠 모양의 화단, 장미, 관목 몇 그루로 장식된 정원은 보기에 참 좋아요. 하지만 특별한 개성은 없죠! 정원을 조금 더 낭만적으로 가꿔보면 어떨까요? 상록식물들 사이에 강렬한 색 일년생 화초를 심어요. 정원이 작으면 단색으로, 정원이 크면 여러 색을 섞어서 심어요. 원래 있던 식물들과 조화를 이룰 수 있도록 코스모스나 클레오메 같이 하늘하늘한 꽃들을 심으면 더욱 좋아요.

누구를, 무엇을 위해?

어떤 사람은 정원을 가족이나 친구들이 모여 함께 식사를 하는 공간으로 꾸미고 싶어 해요. 또 어떤 사람은 현관을 멋지게 꾸미고 싶어 하고요. 또 어떤 땅은 아주 비옥해서 텃밭을 가꾸기에 그만인 곳도 있겠죠. 엄마는 주방 창문 너머로 꽃 화단이 보이면 좋겠다고 하시고요. 또 보기 싫은 창고벽도 가릴 수 있다면 좋지 않을까요?

부모님 정원을 조금 더 개성 있게 만들고 싶나요? 망설이지 말고 의견을 말씀드려요!

가족 정원에서 우리 역할

정원 한구석에 나만을 위한 땅이 있는 것도 나쁘지 않아요. 하지만 가족 정원에서 공동작업을 하는 데 참여해보면 어떨까요? 이를 테면 양상추만큼은 책임지고 키워보는 거예요. 파종, 잡초제거, 모종이식, 물주기, 김매기, 민달팽이잡기 등 할 수 있는 일들은 무궁무진하답니다. 이렇게 책임지고 키운 양상추를 수확해 식탁에서 가족들에게 선보인다면 가족들이 정말로 기뻐하지 않을까요?

자연스럽게 보이려면 색을 섞는 게 좋아요. 조화로우면서도 각각의 식물들이 돋보일 수 있도록 대비를 이루게 해요.

시작해요!

식물을 심을 장소도 정해졌고 부모님과 상의도 마쳤어요. 이제 온 가족이 정원에서 일할 때가 되었어요!

정원을 걸어요

비오는 날에도 걸을 수 있으려면 정원 '오솔길'을 정비하거나 포장해야 해요. 또 손수레가 쉽게 지나다닐 수 있도록 텃밭에는 충분히 넓은 길을 내야 하고요. 길을 만들 때는 잡초방지 망이나 부직포를 깔고 땅을 다져요. 좀 더 멋스럽게 만들려면 오솔길에 우드칩(목재칩)을 덮어주고요. 아니면 평평한 자갈을 깔아 자갈길을 만들어도 좋아요.

자연을 닮은 정원

꽃을 심은 정원이 너무 인공적으로 보이면 좋지 않을 거예요. 튤립이나 글라디올러스를 한 줄로 심지 마세요. 달리아도 일렬로 줄을 세워 심으면 안돼요! 정원이 넓을수록 각각 식물들을 무리지어 심는 것이 좋아요. 정원이 '자연스럽게' 보이도록 하는 몇 가지 방법을 알려줄게요. 좁고 긴 정원이라면 여러 식물들을 심고 중간에 튀는 색으로 포인트를 주세요. 긴 화단이라면 식물들을 일렬로 심지 말고 비대칭으로 심어요. 여러 줄기를 모아 심되 그 개수를 달리하며 분산해서 심는 거죠. 여기에 두 줄기를 심었다면 더 멀리 떨어진 곳에 세 줄기를 심는 식으로요.

'자연스러운' 정원을 만들려면 알리움, 델피늄, 오브리에타처럼 키 차이가 나는 식물들을 심어 높낮이에 변화를 주세요.

벽에 핀 푸른색 알펜블루
캄파눌라는 패랭이꽃,
금영화와 아주 잘 어울려요.

꽃이 만발한 벽

돌로 쌓은 벽을 꽃으로 장식하는 것은 정말 좋은 아이디어예요. 자연의
마법으로 식물들이 벽에서 스스로 피어난 것처럼 장식해보는 거죠.
성공적으로 작업을 하려면 3~4월에 시작하는 것이 좋아요. 우선 비료가
풍부한 흙으로 진흙을 만들어요. 묽은 진흙을 주둥이가 긴 물뿌리개에
넣고 벽돌이나 돌 사이에 부어요. 그리고 여기에 씨앗 몇 개를 심어요.
날씨가 건조할 때는 분무기로 물을 뿌려 수분을 공급해요.

꽃무(에리시멈), 아우브리에타,
하설초를 파종하고 그늘에는
알펜블루 캄파눌라를 심어요.

그늘에는 무엇을 심을까?

대부분 식물은 햇볕을 좋아해요. 성장하고 꽃을 피우려면 햇볕이 필요하죠. 하지만 정원에는 거의 종일 해가 들지 않는 구석진 장소가 있게 마련이에요. 그런 곳은 그냥 버려두어야 할까요? 그렇지 않아요.

커다란 나무들 앞에서 철쭉과 고사리 종류의 식물들이 정원을 환하게 밝혀주고 있어요.

예민한 정원

정원 그늘진 곳에서도 알록달록한 꽃을 피울 수 있어요. 식물들을 잘 골라서 가꿔주기만 한다면 더 섬세하고 세련되어 보일 수 있죠. 물론 그렇게 하려면 경험이 있어야 해요. 아니면 조언을 구해야 하고요. 각각 식물은 그 특성이 있으니 그늘의 짙고 옅은 정도에 따라 다른 종류 식물들을 심어야 해요. 그렇지만 많은 식물들은 환경에 적응하는 능력이 있어요. 환경이 잘 맞지 않아도 어쨌든 천천히 자라기는 할 거예요.

과습 방지하기

커다란 나무는 과습 문제가 생기지 않아요. 굵고 튼튼한 뿌리들이 땅의 수분을 빠르게 흡수하기 때문이죠. 그래서 비가 많이 와도 괜찮아요. 하지만 북향 그늘에서는 수분이 쉽게 증발되지 않아요. 수분이 땅속에 고여 뿌리를 썩게 만들죠. 그래서 배수가 잘 되도록 조치를 해야 해요. 땅이 기름지고 진흙이 많다면 물이 잘 통할 수 있도록 모래를 섞어주세요. 부식토층을 걷어내고 자갈층을 얇게 깔면 더 좋고요. 다시 흙을 살짝 도톰하게 덮어요. 이렇게 하면 과습을 방지할 수 있을 거예요.

옅은 그늘(반그늘)에는

옅은 그늘이란 여린 잎들이 드리운 그늘, 혹은 집이 드리운 그늘을 말해요. 이런 곳들을 환하게 꾸며주면 좋을 거예요. 철쭉이나 연산홍 또는 수국과 같은 관목에 산성토를 섞어 심어주면 가지가 잘 뻗어나가 보기 좋게 성장할 거예요. 또 푸크시아, 베고니아, 봉숭아, 비비추, 고사리를 심으면 옅은 그늘을 화사하게 만들 거예요.

반짝이는 초록색 잎이 풍성하게 자라는 비비추는 그늘진 구석을 싱그럽게 만들어요.

옥슬립 앵초는 그늘에서도 꽃이 잘 피어요. 잎은 오래 못가지만 노란 꽃은 오래도록 볼 수 있답니다.

짙은 그늘에는

목련나무나 삼나무 아래처럼 그늘이 짙게 드리운 곳에서는 정원사가 실력을 발휘하기 힘들어요. 그렇지만 포기하지 말고 가능한 것들을 시도해보면 좋을 거예요. 이를 테면 그늘에서도 꽃이 활짝 피는 족두리풀은 심어볼 만한 가치가 있죠. 아니면 낮잠 자기에 그만인 해먹을 설치해도 되고요(131쪽 참조). 또 친구들을 초대할 수 있는 오두막을 만들 수도 있겠죠(134쪽 참조).

정원의 양탄자, 잔디!

잔디는 작은 정원에서는 탁 트인 공간감을 줘요. 그리고 보다 규모가 큰 정원에서 수평과 수직으로 초록색 잔디와 다른 색깔 식물들을 번갈아 배치하는 디자인을 구현할 때 잔디는 반드시 필요한 구성요소랍니다.

땅을 갈아요

멋진 잔디밭을 갖고 싶다면 고된 작업도 마다해서는 안 돼요. 씨앗을 뿌리는 것만으로는 아무 일도 일어나지 않는답니다. 우선 쇠스랑이나 기계로 개밀이나 메꽃 뿌리와 같은 잡초들을 최대한 제거해요. 그리고 퇴비를 뿌려 땅을 비옥하게 만들어요. 이제 땅을 평평하게 고르고 아주 가볍게 갈퀴질을 해요. 땅 위 자갈들도 제거해요.

쇠스랑으로 땅을 갈아요.

쉽게 파종하는 방법

잔디를 파종하는 가장 좋은 방법은 가로 × 세로 1m 기준줄을 바닥에 놓고 구획을 나누는 거예요. 그런 다음 제일 첫 번째 구획에 씨앗 30g을 파종해요. 계속 이런 식으로 반복하며 파종해요. 씨앗을 다 심으면 밀대나 삽으로 땅을 다지고 물을 주세요.

파종은 섬세한 작업이에요.

잔디 파종하기

잔디는 벼과 식물로 씨앗에는 여러 품종이 있어요. 목적에 따라 잎이 무척 부드러운 잔니(그 위를 걸으면 안돼요!)를 심거나 경기장용 잔디를 심으면 돼요. 원예매장에서 판매되는 잔디씨앗 포장에 표시되어 있으니 확인하고 구입해요. 잔디를 파종할 때는 기본적으로 1m²당 30g 씨앗이 필요해요. 파종하기 전에 땅을 구획해 놓지 않으면 파종할 씨앗 양을 결정하기 어려우니 참고하세요.

잔디를 오래도록 건강하게 유지하려면

잔디를 건강하게 유지하기란 쉽지 않아요. 잔디가 자라기 시작하면 반드시 정기적으로 관리해요.

- 3~11월에는 자주 잔디를 깎아요.
- 2개월에 한 번씩 유기농 비료를 뿌려요.
- 봄에는 잡초를 뽑아요.
- 건조한 시기에는 잔디 표면에 매일 물을 주세요. 잔디는 건조에 예민하니 일주일에 한 번은 전체적으로 충분히 물을 줘요.

잔디는 물을 엄청나게 좋아해요! 물 소비를 줄이려면 고온에 잘 견디는 품종을 심는 게 좋아요.

정기적으로 잔디를 깎더라도 너무 짧게 깎으면 안돼요. 줄기 3분의 1정도만 잘라야 하고 반드시 어른과 함께 작업하세요.

115

나무 고르기

나무가 없는 정원은 헐벗은 것처럼 보일 거예요. 나무 한 그루를 심어 놓으면 여러 해 동안 나무가 자라는 것을 기쁘게 지켜보며 여러 가지 감정들을 느낄 수 있어요. 그리고 어느 날 집보다 더 크게 자란 나무와 그 그늘을 볼 수 있을 거예요. 자, 그럼 어떤 나무를 심는 게 좋을까요?

신중하게 생각해요

나무는 집에 너무 가까이 심으면 안돼요. 어디에 심더라도 토양이 나무를 심기에 적당한지, 나무가 얼마나 크게 자라 그늘을 만들지, 우리 정원 경계에서 너무 멀리 떨어져 있지는 않은지를 잘 생각해야 해요. 이외에도 낙엽수를 심고 싶은지, 상록수를 심고 싶은지, 잎색이 옅은 나무를 심고 싶은지, 진한 나무를 심고 싶은지, 아니면 꽃이 피는 나무를 심고 싶은지도 생각해야 하고요. 원예매장에서는 무척 다양한 종류의 크고 작은 나무들을 분형근으로 또는 포트에 심어 판매해요. 나무를 고를 때는 나뭇가지가 싱싱하고 건강한지를 잘 살펴보세요.

솔란지 목련Magnolia soulangeana은 4월이 되면 흰색 또는 분홍색 튤립 같은 꽃이 피어요.

목련꽃

목련 열매

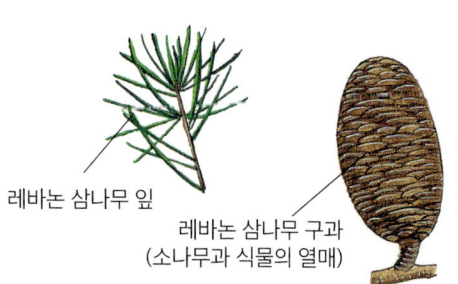

레바논 삼나무 잎

레바논 삼나무 구과
(소나무과 식물의 열매)

어마어마한 크기를 자랑하는 이 레바논 삼나무는 100년이 지나면 가장 멋진 자태를 뽐낼 거예요. 그때까지 이 나무의 형태와 풍성한 잎들은 사람들에게 감탄을 자아내겠죠. 이런 나무를 심으려면 120m²의 공간이 필요해요.

참단풍나무 열매

참단풍 나뭇잎

참단풍나무는 무척 천천히 자라는
작은 나무로 석회질 토양에 심어야 해요. 가위로
오려낸 것처럼 잎 모양이 예쁜 참단풍나무는
가을이 되면 아름답게 물들어 정원에 우아한
멋을 더해줄 거예요.

마가목은 정원 한 구석에 옅은 그늘을 만들어요. 주변에
식물을 심어도 그늘이 성장을 방해하지는 않아요. 무척
아름다운 꽃이 피고 가을에는 열매가 열려요.

마가목 꽃

마가목 열매

개오동나무 꽃

개오동나무
열매

개오동나무는 무척 빨리
자라서 멋진 그늘을
드리워요. 7월이 되면 흰색
꽃들이 피어 나무를 수놓죠.
하지만 물을 너무 많이
먹는다는 단점이 있어요.

체리를 따서 클라푸티(프랑스식 체리 파이)도,
잼도 만들어 봐요.

맛있게 먹을 수 있는 과일나무

과일나무는 사계절 내내 정원을 아름답게
해줘요. 봄에는 꽃들이 만발하고 여름에는
부드러운 초록빛 잎들이 돋아나 과일들을
보호할 준비를 하죠. 과일을 따고 나면 잎들은
낙엽이 되어 땅 위를 덮어줄 거예요.

조심해요!

하루에 두어 번 사다리를 타고 체리나무에 올라가
체리를 따먹으면 정말 재미있을 거예요. 하지만 그때
조심해야 해요. 체리나무 가지들은 휘어져 있기 때문에
사다리를 안정적으로 받쳐주지 못하거든요. 이럴 때는
사다리를 고정시키는 게 좋아요. 어른들에게 사다리를
안전하게 고정시켜 달라고 부탁하면 다치는 일은 없을
거예요.

미식가를 위한 체리나무

체리나무는 아이들에게 인기가 많아요.
과일나무 중 가장 관리하기가 쉽고
병충해에도 무척 강해요. 가지치기는
할 필요가 없지만 나무가 잘 자랄 수
있도록 가지를 유도해주는 작업은
반드시 필요해요. 체리나무를 심을
때는 맛, 익는 기간, 가지가 뻗어나가는
정도를 고려해 품종을 선택해야
하세요(체리의 품종은 정말 많고,
암수를 같이 심어야 해요).

내 이름이 새겨진 사과를 만들어 봐요

7월에 사과는 완전히
성장하지만 껍질 색깔이
진해지려면 조금 더 기다려야
해요. 이 점을 이용해 사과에
내 이름을 새길 수 있어요.
우선 스티커에 이름의
이니셜을 쓰고 글자를 칼로
파내세요. 그리고 스티커를
햇볕을 바라보고 있는 사과에
붙여요. 사과껍질 색깔이
진해지면서 사과에 이름이
선명하게 새겨질 거예요.

노지에서 자라는 사과나무

사과나무 가지는 2m까지도 자랄 수 있으니 가지치기를 해줘야
해요. 가지치기는 나무 모양을 아름답게 해줄 뿐만 아니라
나무가 열매를 더 건강하게 맺을 수 있게 해준답니다. 사과나무도
세심한 관리가 필요해요. 밑동에 마늘이나 차이브(유럽 부추)를
심어놓으면 기생균에 의해 생기는 병을 예방할 수 있어요. 이
식물들을 사과나무 천연 방제약이랍니다.

지역에서 나는 품종이나 희귀 품종
사과나무를 심어보면 어떨까요. 그렇게
하면 사라져 가는 품종을 보호하는 데
동참할 수 있을 거예요.

에스펠리어 형태로 과일나무 키우기

과일나무로 벽을 장식할 수 있다니, 얼마나 좋은
아이디어 인가요! 에스펠리어espalier란 정원에
나무 심을 공간이 충분하지 않을 때, 나무를
벽에 붙여놓은 틀을 타고 납작하게 자라게 하는
원예기법이에요. 에스펠리어 형태는 공간을
많이 차지하지는 않지만 땅 속 뿌리가 정원의
다른 식물들을 잠식할 수 있으니 조심해요. 먼저
나뭇가지가 걸릴 수 있도록 벽에 나무 격자를
단단하게 고정시켜요. 그리고 에스펠리어
형태로 재배하도록 형태를 잡아놓은 과일나무를
심어주세요. 몇 해가 지나면 가지치기를 해주고
가지를 고정시켜 벽을 장식해요.

에스펠리어 형태로 과일나무를 심으면 밋밋한 벽을 아름답게
꾸밀 수 있을 뿐만 아니라 열매가 손닿는 거리에 있어
수확하기도 쉽답니다.

마르케이삭Marqueyssac정원(프랑스 도르도뉴 지방에 있는 17세기에 지어진 성-역주)에 파라솔 소나무를 심었던 사람은 마음씀씀이가 후한 사람이었을 거예요. 그는 이 나무가 이렇게 커질 줄 몰랐겠지만 후손들에게는 얼마나 멋진 선물이 되었나요?

정원의 나무들

시월이 되면 밤나무 아래에서 밤을 주울 수 있어요. 매끈하고 윤이 나는 밤 껍질은 씨앗을 품고 있죠. 이 씨앗에서 새싹이 나오고 새로운 식물이 탄생할 거예요. 우리도 아름다운 정원수가 되어 줄 밤나무나 다른 나무들의 씨앗을 심어보면 어떨까요?

각자의 속도에 따라

도토리, 밤, 호두는 가을이 되면 나무에서 떨어져 땅 위에서 겨울을 나요. 그중 몇 개 열매는 환경이 맞으면 봄에 싹을 틔우고 자라날 거예요. 누군가 주워가지도 않고 동물들이 먹지도 않는다면요. 그리고 나머지 열매들은 또 한 해를 보내며 싹을 틔울 수 있는 날을 기다릴 거예요.

씨앗 채집하기

도도리나 밤을 수울 때는 기술은 필요없어요. 하지만 느릅나무 씨앗(봄에 날아다니다가 땅에 떨어지자마자 발아가 되는), 열매 안의 너도밤나무 씨앗, 동그랗고 단단한 껍질에 쌓여있는 플라타너스 씨앗처럼 커다랗게 성장한다 해도 씨앗은 무척 작은 나무들도 있어요. 씨앗을 채취하면 우선 통풍이 잘 되는 곳에 띄엄띄엄 널어놓고 건조시켜요. 그리고 작은 망에 씨앗들을 넣고 라벨을 붙여 보관해요.

플라타너스 열매
너도밤나무 열매
느릅나무 씨앗
솔방울
도토리
밤

나무 씨앗 파종하기

기적을 바라지는 말아요. 모든 씨앗들이 다 싹을
틔우지는 못할 테니까요. 하지만 정성스럽게 씨앗을
심는다면 싹을 틔울 가능성은 더 커질 거예요.

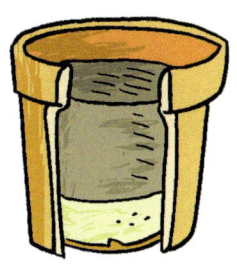

1. 화분 4분의 1정도
높이까지 모래를 채워요.
부식토와 흙을 섞어
나머지를 채워요.

2. 심을 씨앗들을 골라
각각 화분에 담겨 있는 흙
위에 놓아요. 씨앗들이 크면
4~5개 정도 놓고 그보다 작은 씨앗이라면 더 많이
놓아도 돼요. 체리 씨앗은 10개도 괜찮아요. 가장 작은
씨앗들은 서로 닿지 않게 흙 위에 놓아요.

3. 씨앗 크기와 엇비슷한 깊이로 씨앗을 흙에 심어요.

화분에 모종심기

씨앗을 심고 새싹들이 나오면 가장 건강한
새싹만을 남겨두고 나머지는 제거해요. 새싹이
20cm 정도까지 자라면 더 큰 화분(지름이 최소
30cm)에 옮겨 심어요. 그리고 화분을 정원으로
옮겨 햇볕이 잘 드는 장소에 화분 3분의
1정도까지만 땅에 묻어요. 물 주는 것도 잊지
말고요. 여러 가지 새싹을 심은 화분들을 정원에
나란히 놓으면 정원이 한층 더 싱그러워 보일
거예요.

모종이 너무 많다면?

키운 모종을 전부 다 정원에 심을 수 없어요.
나무들이 커갈수록 이내 거추장스러워질
테니까요. 그렇다면 이 나무들을 정원이 아닌
다른 곳에 심을 수는 없을까요? 동네 호숫가나
숲 주변에 심어보면 어떨까요? 정원에 심지
못한 나무들을 다른 곳에 심고 잘 자라고 있는지
이따금 보러 가는 것도 좋을 거예요. 어쨌거나 그
나무들은 내가 손수 심은 나무들이니까요.

참나무, 파라솔 소나무, 쥐똥나무 모종이랍니다.
이 어린 나무들은 이제 커다랗게 성장할 거예요!

121

생울타리 만들기

매서운 바람이 불어올 때나 차들이 지나다닐 때 울타리는 큰 역할을 해요! 울타리에는 크게 두 종류가 있어요. 정원을 둘러싸는 울타리와 정원 안에 있는 울타리죠. 어떤 울타리를 만들든 정기적으로 관리가 필요한 것은 마찬가지랍니다.

쥐똥나무는 울타리로 흔히 쓰이는 나무예요. 은은한 향기를 풍기는 하얀색 꽃이 다닥다닥 피지만 겨울에는 잎들이 떨어질 수 있어요.

월계귀룽나무 꽃

쥐똥나무 꽃

월계귀룽나무는 자라는 속도가 빨라 울타리를 무척 빽빽하게 만들어요. 또 빳빳하고 반짝이는 월계귀룽나뭇잎은 울타리를 두껍게 만들어요.

회양목은 무척 천천히 자라지만 짙은 초록색 작은 잎들이 있어 가장 우아한 울타리를 만들 수 있답니다.

회양목 꽃

생울타리로 조성된 미로정원은 친구들과 숨바꼭질을 하고 탈출 게임을 하기에 최고 장소랍니다!

측백나무는 그렇게 빨리 자라지는 않지만 작은 비늘들로 이루어진 납작한 잔가지들이 울타리를 빽빽하게 채워요. 또 아주 높게 자란답니다.

측백나무 가지

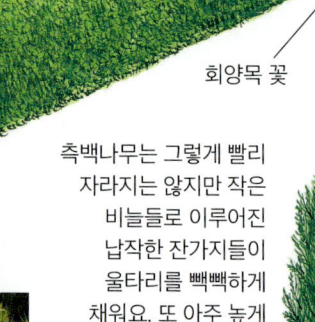

생울타리 벽

생울타리 벽은 공간이 완전히 분리된 느낌을 받을 수 있을 만큼 견고하답니다. 이 벽을 정원에 만들고 잎이 무성해지면 우리집 정원에서 옆집이 보이지 않게 될 거예요. 생울타리 벽은 상록관목으로 만들고 일 년에 두 번(5월, 9월 말) 가지치기를 해요. 벽을 따라가면서 전지가위나 큰 가위로 가지를 잘라주면 돼요. 가지가 너무 많이 자랐다면 전기 전정기를 이용해서 어른들이 작업을 해야 하고요.

동설목은 시들지 않는 예쁜 잎들을 갖고 있어요. 햇볕을 잘 받으면 겨울에도 꽃이 피어 사랑받는 나무예요. 우리나라 남부지역에서만 노지월동이 가능해요

명자나무라고도 불리는 산당화예요. 봄에 잎이 나기 전, 붉은색 꽃이 꽃다발처럼 피어나요.

동설목

명자나무

반듯하지 않아도

형태가 반듯하지 않아도 나무와 관목이 자연스럽게 어우러진 울타리를 만들 수 있어요. 이 울타리는 다른 나무들과 자연스럽게 어우러지기 때문에 어떤 장소에도 어울려요. 여러 나무들이 섞여 있어 각기 다른 시기에 꽃이 피는 이 울타리에서 다양한 동물과 식물들을 관찰하며 재미있는 시간을 보낼 수 있을 거예요. 새들이 와서 둥지를 틀고 열매를 따먹겠죠. 고슴도치는 가족들과 집을 짓고요. 두꺼비는 구멍을 만들어 은신처로 삼을 거예요. 또 꿀벌과 뒝벌, 그리고 나비는 마음껏 꿀을 모으러 날아오겠죠.

라일락은 이 울타리의 얼굴이라 할 수 있어요. 흰색, 연보라색, 자주색의 라일락꽃은 봄을 향기롭게 해줘요.

라일락

백당나무

개나리

개나리는 봄에 가장 먼저 피어나요. 샛노란색 개나리꽃은 지난해에 나온 새순에서 촘촘하게 피어나죠.

금작화

울타리와 이웃집

울타리의 나무나 관목의 크기가 2m 이상이라면 소유한 부지의 경계를 기준으로 최소 2m 이내에 심어야 해요. 나무는 자기 땅이 어디까지인지 알지 못하니 언제든 경계를 넘어갈 수 있으니까요. 또 영양분이 많은 쪽으로 뻗어나가는 뿌리는 이웃의 정원까지 뻗어나갈 수 있으니까요.

금작화의 가지는 가늘고 잘 휘어지지만 유월이 되면 수천 개의 노란색 꽃이 가득 피어나요.

백당나무는 4m까지 자랄 수 있어요. 눈부신 하얀색 꽃이 둥그런 형태로 우아하게 피어나요.

나무를 성장시키는 가지치기!

전지가위는 초보자가 다루기 어려운 도구예요.
하지만 자주 사용하다 보면 익숙해지고
재미도 느끼게 될 거예요. 정원에 있는 나무와
관목(키가 작고 여러 개의 줄기로 자라는 나무)
대부분은 가지치기를 해야 해요.
단, 가지치기를 할 때는 반드시 어른과 함께
하세요!

나무 모양을 만들어요

자연에 있는 나무와 관목은 제멋대로 자라나요.
하지만 정원에서는 달라요. 우리가 원하는
모양으로 나무를 키우고 싶어 하니까요. 왜인지는
모르지만 나무에서 하나의 가지가 길어지기
시작하면 다른 가지들은 더 이상 길어지지
않아요. 이때 긴 가지를 자르면 다시 균형 잡힌
모양을 만들 수 있어요. 그렇게 하면 꽃들은
아무데서나 꽃을 피우지 않죠. 가지치기를 꾸준히
해주면 나무나 관목이 우리가 원하는 곳에 꽃을
피우고 열매를 맺게 할 수 있어요.

우리가 상상하는 대로 가지치기를 해봐요.
이 소나무는 '구름 나무'로 변신했어요!

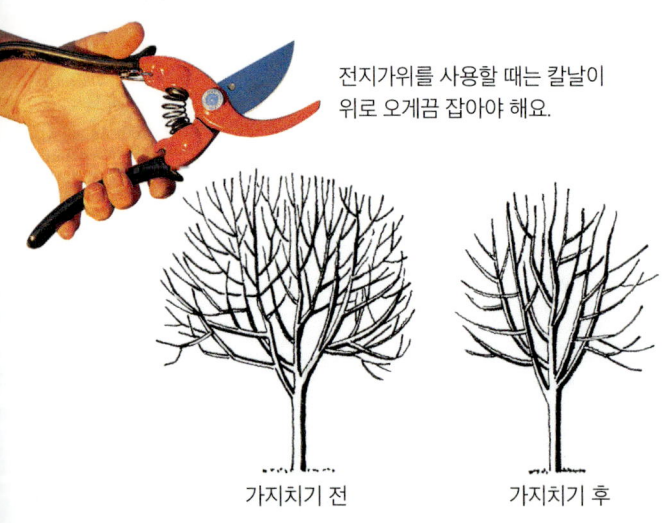

전지가위를 사용할 때는 칼날이
위로 오게끔 잡아야 해요.

가지치기 전   가지치기 후

관목 가지치기

봄에 꽃이 피는 나무와 여름에 꽃이 피는
나무는 가지치기 시기가 서로 달라요. 이른
봄에 꽃이 피는 자두나무, 개나리, 빈노리 같은
관목은 꽃이 지고 한 후에 가지치기를 해요.
이런 관목들은 올해 자란 잔가지에서 이듬해에
꽃이 피기 때문에 꽃이 피기 전에 가지치기를
하면 절대 꽃을 볼 수 없을 거예요. 반면 여름에
꽃이 피는 무궁화나 배롱나무 같은 관목은
겨울에 가지치기를 해요. 이런 관목들은
잔가지들을 성장시킬 시간이 필요하고 그
잔가지들에서 꽃이 피기 때문이죠.

124

과일나무 가지치기하기

가지치기를 하지 않아도 열매는 열리게 마련이에요. 하지만 그런 열매들은 크기도 작고 매년 열매를 맺는다는 보장도 없답니다. 건강한 열매를 매년 수확하려면 가지치기를 하고 열매 솎아주기를 해야 해요. 꽃이 피지 않는 잔가지는 잘라주고 꽃이 피고 새순이 난 잔가지들은 남겨두는 것이 기본 원칙이에요. 솎아주기란 열매가 호두만큼 커진 때부터 가지에 열매가 너무 많이 달렸을 때 열매를 제거하는 것을 말해요. 한 가지에서 12~15cm 간격으로 가능한 왼쪽과 오른쪽을 번갈아가며 가장 큰 열매만 남겨두면 된답니다.

자연에서 자라는 나무를 작게 만들고 싶을 때는 분재를 해요. 우선 기본 형태를 만들고 주기적으로 형태를 다듬어야 해요.

포도나무 그늘 아래서

포도나무는 아주 작은 정원에서도 줄기를 위로 기어 올라가게 해 키울 수 있어요. 포도나무는 뿌리를 무척 깊이 내리기 때문에 줄기의 방향을 유도해주면 아주 높이까지 올라갈 수 있어요. 여름에 포도덩굴 그늘 아래 앉아 있다고 한번 상상해 봐요! 포도나무는 특별히 신경 써 주지 않아도 잘 자라고 2~3년이 지나면 가지가 여러 갈래로 뻗어나가요. 하지만 자연 상태로 놔두면 알차고 예쁜 포도는 수확하기 힘들어요. 그래서 겨울에는 가지치기를 해줘야 한답니다. 포도나무는 덥고 건조한 기후에서 잘 자라고 병충해에 취약해요.

식물로 상상의 나래를 펼쳐요

정원에 우리가 쓸 수 있는 공간이 조금이라도 있다면 그곳에서 몇 가지 상상을 현실로 이뤄보는 건 어때요? 토끼나 난쟁이 또는 버섯 같은 플라스틱 인형을 갖다 놓으라는 말이 아니에요. 창조하고 발명하는 즐거움을 느끼며 무언가를 직접 만들면 더 좋지 않을까요? 영감을 떠올릴 수 있도록 몇 가지 아이디어를 줄게요!

나만의 허수아비 만들기

허수아비가 정말로 새를 쫓는지는 알 수 없어요. 체리를 따먹으려고 기회를 엿보는 새들이 허수아비 어깨에 앉아있을 수는 있겠죠. 하지만 허수아비는 우리에게 웃음을 주고 정원 한 구석을 재미있게 만들어 줄 거예요. 허수아비를 한 번 만들어 봐요. 무척 재미있을 거예요.

- 말뚝
- 헌옷
- 가는 끈
- 나뭇가지
- 밀짚
- 흰 헝겊가방
- 단추 2개

1. 원하는 장소에 단단한 말뚝을 꽂아요. 알록달록한 헌옷들을 말뚝에 감싸요. 말뚝 부분에 바지 한쪽을 꿰어주세요.

2. 위에서 3분의 2 지점에 곧게 뻗은 가지나 두꺼운 대나무를 십자로 고정해요.

3. 가는 끈이나 벨트로 바지를 고정시켜 주고 볏짚이나 뽁뽁이로 바지 안에 채워 통통하게 만들어요. 안에 넣은 볏짚이 삐져나오지 않게 말뚝에 있는 바지 아랫부분을 묶어요.

4. 가로 방향 가지에 소매를 끼워 웃옷이나 스웨터를 입혀요. 그리고 바지와 마찬가지로 속을 채워요. 손목과 깃 부분은 묶어요.

5. 헝겊가방으로 머리를 만들고 속을 채워요. 그 위에 얼굴을 그려 넣거나, 단추 2개로 눈을, 끈으로 입을 만들어요. 말뚝 윗부분에 머리를 고정해요.

6. 소매 끝에 손을 대신해 바람에 휘날리는 헝겊 끈을 묶어요. 그러면 허수아비가 더 생동감 있게, 더 '진짜'처럼 보일 거예요.

특별한 바둑판 만들기

이 바둑판은 만들기도 쉽고 무엇보다 눈에 확 띈다는 장점이 있어요. 잔디 일부분을 다른 색으로 만들어 잔디 위에 바둑판 모양을 만드는 거예요(아니면 여러 가지 다른 그림을 그려도 좋아요).

· 가는 줄
· 질소

1. 깎아놓은 잔디 위에 가는 줄을 펼쳐 가로 1.5m × 세로 1.5m 사각형을 만들어요. 사각형 안쪽에 가는 줄 4개를 가로세로로 두 줄씩 놓아 한 변이 50cm인 사각형 9개를 만들어요.

2. 줄을 따라서 질소를 뿌리고 물을 흠뻑 뿌려요.

3. 일주일이 지나면 질소를 머금은 잔디는 다른 잔디보다 색이 훨씬 더 진해질 거예요. 그렇게 잔디에 바둑판 모양이 그려지는 거죠. 자, 그럼 이제 놀아볼까요? 한 지점을 정해놓고 사각형 안에 돌이나 링 던지기를 해도 좋고 오목놀이를 해도 재미있을 거예요. 친구들과 우리들만의 놀이를 만들어요.

머리카락이 자라는 조약돌을 만들어요

냇가나 강가에서 웬만큼 큰 조약돌을 찾아보세요. 하얀색이든 밝은색이든 가능한 사람의 얼굴모양과 비슷한 것이 좋아요. 이 조약돌을 평평한 포석 위에 놓고 잎이 작은 양모백리향이나 송악을 조약돌 뒤 아래쪽에 바짝 붙여 심어요. 심어놓은 식물은 1년 동안 조약돌을 타고 올라갈 거예요. 그때 우리가 원하는 모양대로 식물이 자라도록 줄기를 정리해요. 그렇게 하면 조약돌에서 예쁜 머리카락이 자라는 것처럼 보일 거예요. 원하는 모양으로 줄기를 다듬어도 좋고 페인트나 수성펜으로 조약돌에 그림을 그려도 좋아요.

정원을 놀이터로 만들어요

놀이터를 만들 수 있을 만큼 큰 정원을 가진다는 것은 꿈같은 얘기일 거예요.
식물들을 심어놓은 정원에 축구장을 만들 수도 없는 노릇이고요.
하지만 좁은 공간에도 놀이를 위한 공간을 만들 수 있는 아이디어가 있어요.

페탕크 경기장을 만들어요

정원의 작은 길을 페탕크(프랑스의
쇠공놀이-역주) 경기장으로 만들어 봐요.
기왕 만들 바에 전문적인 경기장처럼
만들면 더 좋겠죠? 지금부터 이 작은
길을 아주 평평하고 물이 스며들 수 있는
길이 12m × 넓이 2m 경기장으로 만들
거예요.

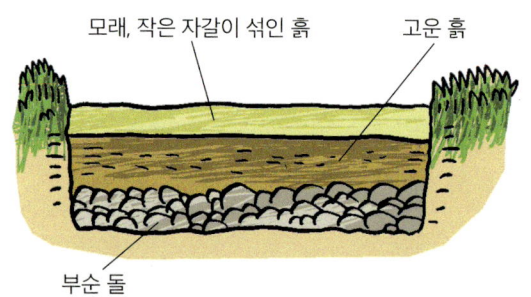
모래, 작은 자갈이 섞인 흙   고운 흙
부순 돌

 • **넓이 15cm의 널빤지**

2. 자갈이나 부순 돌을 맨 밑에 깔아요. 그리고 고운 흙을 그 위에 깔아요. 마지막으로 모래와 작은 자갈이 섞인 흙을 깔아 마무리해요.

1. 12m 길이로 땅을 파줘요.

3. '진짜 경기장'처럼 만들기 위해 테두리 양 옆에 넓이 15cm의 널빤지를 대주세요.

커다란 빈백 쿠션을 만들어요

큰 사람, 작은 사람 상관없이 잔디밭에서 커다란 친구가 되어 줄 빈백 쿠션을 만들어요. 이 쿠션은 말이 될 수도 있고, 기차가 될 수도 있고, 책을 읽을 때는 머리받침이 될 수도 있어요. 커다란 쿠션 위에 누워서 구름이 흘러가는 것을 바라보거나 별을 관찰할 수도 있죠. 이 쿠션은 습기에 취약하니 밤에는 실내에 놓아야 해요.

- **합성섬유 직물**
- **커버 천**
- **폴리스티렌 에어볼**
- **가는 끈**
- **고리 2개**

바느질

3.75 m
3.75 m

1. 먼저 에에볼을 넣을 자루를 만들 거예요. 합성섬유 직물을 길이 3.75m × 폭 1.75m 크기로 잘라요. 세로(길이)로 반을 접고 옆면과 밑면을 꿰매 자루 모양으로 만들어요.

2. 그 안에 에어볼을 채워요. 단, 너무 위쪽까지 올라오지 않게 하세요.

3. 윗면을 꿰매서 막아요.

4. 커버가 될 천을 위와 같은 방식으로 꿰매고 안쪽에 에어볼을 채운 자루를 넣어요. 쿠션을 굴려 에어볼을 골고루 분산시켜요.

5. 가는 끈으로 커버의 양쪽 끝을 묶어요. 그리고 쿠션을 쉽게 옮길 수 있도록 한쪽 끝에 고리를 달아요.

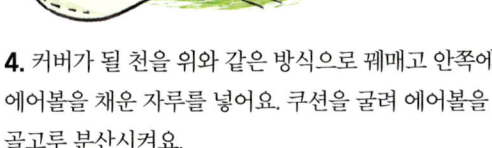

정원용 가구를 만들어요

벤치는 정원에 없어서는 안 되는 가구에요. 정원에서 작업을 하고 나서 휴식을 하거나 손님들에게 앉을 자리를 마련해야 할 때 특히 더 필요하죠. 아니면 해먹을 설치해 안락하게 나무 그늘 아래에 누워 책을 읽거나, 새소리를 듣거나, 낮잠을 자도 좋을 거예요.

나만의 벤치 만들기

단순한 모양으로 벤치를 만드는 것은 어렵지 않아요. 다리 두 개와 상판 한 개만 있으면 되니까요. 단, 벤치는 견고하고 안정감 있게 만들어야 해요. 나무 품질과 상판 두께도 신경 써야 하고요. 벤치는 반드시 어른과 함께 만들어요.

- 톱
- 두께 2cm 목판 (상판)
- 가로 8cm × 세로 8cm × 높이 40cm 나무 4조각 (다리)
- 스테인레스 나사 못
- 드라이버
- 페인트
- 오일스테인

1. 2cm 두께 목판을 잘라 가로 2m × 세로 0.2m 크기로 상판 두 개를 만들어요. 가로 8cm × 세로 8cm × 높이 40cm 크기로 나무 네 조각을 만들어요. 모든 면을 직각으로 반듯하게 잘라요.

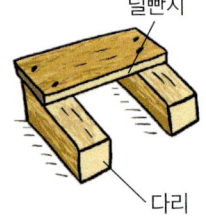

2. 잘라놓은 40cm 높이 나무 두 개에 널빤지를 대고 나사를 박아 조립해요. 같은 방식으로 하나 더 만들어요.

널빤지

다리

3. 조립된 다리 위에 상판을 올려서 나사를 박아 고정시켜요(나사를 박기 전에 작게 나사구멍을 뚫어요).

4. 방수를 위해 오일스테인과 바니시를 칠해요.

2m

상판

등받이 벤치

등받이 벤치는 앉았을 때 더 편하기는 하지만 만들기는 어려워요. 대신 상점에서 예쁜 벤치를 사는 것도 괜찮아요. 미적인 부분을 중요하게 여긴다면 플라스틱 재질보다는 나무 재질의 벤치를 선택하세요. 등받이 벤치는 정원에 두면 아무래도 눈에 잘 띄겠죠. 이 벤치는 가족들이 휴식을 취하는 장소에 테이블과 함께 놓으면 좋을 거예요. 그럼 거기에서 가족들끼리 간식을 먹으며 즐거운 시간을 보낼 수 있을 테니까요.

해먹을 만들어요

단순하게 천으로 만들어 매달아 놓는
해먹은 옮기기도, 정리하기도 아주 쉬워요.
그리고 거기에서 편안하게 휴식을 취할
수도 있고요!

- 길이 2.8m × 폭 1.6m의 질긴 천
- 면으로 된 굵은 끈이나 밧줄 24m
- 가는 면 끈 한 타래
- 굵은 바늘
- 모직천으로 된 넓은 끈
- 아일릿 (의류 등에 부착하는 금속 구멍)
- 질긴 밧줄

1. 천을 반으로 접어 세로(길이) 방향으로
가장자리가 풀리지 않도록 꿰매요.
가로 방향에서 천 끝부분을 12cm 접고
모직천으로 된 넓은 끈을 덧대 꿰매요.
그리고 아일릿을 달아요.
이 작업은 커튼 제작업체에
맡겨요(첫 번째 아일릿은
맨 끝에서 5cm 지점에 달고
나머지는 10cm 간격으로 달아요).

아일릿

모직천으로 된
넓은 끈

2. 이제 나무에 맬 끈다발을 만들 차례예요.
12m 길이의 끈을 준비하고 끈의 맨
끝부분을 첫 번째 아일릿에 통과시킨 후
끈이 풀리지 않도록 이중 매듭을 만든 다음
또 하나 매듭을 만들어 첫 번째 아일릿에
묶어요. 그런 다음 끈을 아일릿에 엮은 후
마지막으로 끈이 풀리지 않게 이중 매듭을
만든 다음 또 하나의 매듭을 만들어 마지막
아일릿에 묶어요.

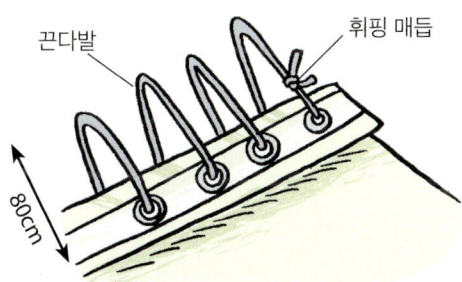

끈다발

휘핑 매듭

80cm

3. 끈다발을 80cm가 될 때까지 당긴 다음, 휘핑 매듭(로프의
끝이 풀리지 않게 하는 매듭)으로 끈다발을 묶으면서 10cm
크기 '고리'를 만들어요. 끈들을 바짝 동여매기 위해 끈다발
묶은 부분을 바느질로 꿰매요.
이 작업은 어른의 도움을
받아야 해요.

고리

매듭

4. 양 쪽 '고리'에 밧줄을 달아 나무 사이에 해먹을
걸어요.

분수와 연못

통, 통, 통…. 정원 깊숙한 곳에서 들려오는 이 이상한 소리는 무엇일까요?
정원 연못을 재미있게 만드는 대나무 방아가 내는 소리예요!

오르락내리락, 대나무 방아

동양에서는 언제나 정원에 물이 있는 공간(분수,
연못 등)을 만들어요. 또 물을 이용한 독특한 장치로
정원을 꾸미기도 하죠. 일본의 정원에서는 물을
이용해 대나무 통을 움직여 독특한 소리를 내는
대나무 방아(시시오도시)를 볼 수 있어요. 대나무
방아는 이제 흔히 볼 수 있으니 직접 만들고 싶다면
하나를 골라 유심히 관찰해보세요. 대나무 통 한쪽
끝에 물이 가득차면, 그 무게로 인해 아래쪽으로 물이
쏟아지고 그 반동으로 반대편 대나무 통이 아래에
있는 받침돌을 때리면서 '통-'하는 소리가 난답니다.

정원 연못 놀이터

물놀이를 할 수 있는 얕은 연못을
도섭지라고 해요. 깊이가 무척 얕기 때문에
수영장이라고 할 수는 없어요. 도섭지는
연못, 수동펌프, 또는 수도꼭지처럼 물이
공급되는 곳 가까이에 있어야 해요. 또
이따금 내부를 청소하고 빗물이 너무
많이 찼을 때 빼낼 수 있도록 배수장치도
갖춰져야 하고요. 도섭지에 대나무 방아를
설치하면 도섭지의 물이 방아가 계속
움직일 수 있게 해줄 거예요.

정원에 있는 연못, 폭포 또는 분수 근처에 가만히 앉아 있어 봐요.
긴장을 내려놓고 휴식을 취하며 사색에 잠기기에 이곳보다 고요한 곳은 없을 거예요!

나만의 대나무 방아 만들기

어른의 도움을 받아 일본 정원에서 볼 수 있는
대나무 방아를 만들어요. 원예매장에서 건조된
대나무를 구할 수 있을 거예요.

- 1.1m짜리 굵은 대나무 1대
- 93cm짜리 굵은 대나무 2대
- 쇠막대 1개
- 1.7m의 말뚝 1개
- 30cm의 대나무

비스듬히 잘라요

1. 1.1m의 대나무를 준비해 마디 부분을 피해 맨 끝 부분을 잘라요.
반대쪽도 마디 부분을 피해 맨 끝 부분을 비스듬히 잘라요. 대나무 가운데
부분을 뚫어요.

큰 대나무

쇠막대

2. 쇠막대를 이용해 가장 긴
대나무와 93cm 대나무 두
개를 조립해요.

호스

대나무로 말뚝을
감싸요

3. 60cm 깊이로 땅에 말뚝을 박아요. 대나무 방아에 물을 흘려보낼
수 있도록 말뚝의 세로 방향으로 가는 호수를 설치해요.

4. 대나무로 호스와 말뚝을 감싸 호스와
말뚝을 가려요.

대나무 통에 물이 차올라요.

대나무 통에서 물이 쏟아져요.

오두막을 만들어요

오두막은 나만을 위한 공간이니 마음껏 상상하고 구상해요! 그런 다음 정원 오솔길에서 멀찌감치 떨어진 곳에 오두막을 하나 만드는 건 어떨까요? 그곳에서는 누구 방해도 받지 않고 친구들과 놀 수 있을 거예요!

나무 밑에 오두막 만들기

어떤 정원이라도 적어도 한 그루 나무는 있을 거예요. 그 나무 그늘 아래에서 그냥 쉬는 것도 물론 좋지만 나무를 이용해 오두막을 만들어 진짜 휴식처를 만드는 것도 좋을 거예요.

- 길이 9.3m × 폭 1.5m 천
- 바늘
- 질긴 실
- 2m 길이 말뚝 4개
- 1.5m 길이 대나무 7대
- 1.7m 길이 대나무 1대
- 밧줄

1. 천을 길이 5.9m × 폭 1.5m 크기로 잘라요. 정 가운데에 5cm 주름을 잡아 꿰매요(주름 안에는 대나무를 넣을 거예요).

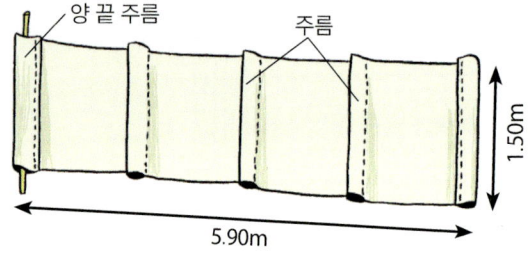

양 끝 주름 · 주름 · 1.50m · 5.90m

2. 천 양 끝을 같은 방법으로 주름을 잡아 꿰매요. 천의 가운데와 끝 사이를 같은 방법으로 주름을 잡아 꿰매요. 반대쪽도 똑같이 해요. 이렇게 하면 오두막의 지붕과 양 측면이 완성돼요.

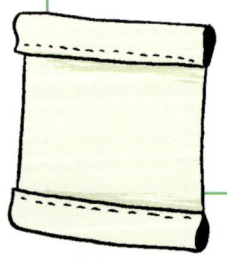

3. 남아 있는 천을 2등분으로 잘라요. 그리고 양 끝을 주름을 잡아 꿰매요. 이 부분이 오두막 바닥과 문이 될 거예요.

4. 땅 위에 네 변이 1.5m인 정사각형 모양을 그리고 네 귀퉁이에 말뚝 4개를 박아요. 주름 안에 대나무를 끼워요. 1.7m짜리 대나무는 천 가운데 주름에 끼워요. 이 부분이 지붕 꼭대기가 될 거예요.

5. 대나무를 끼운 주름 양 끝을 이중으로 꿰매요. 말뚝에 끈을 묶어 나머지 부분들을 모두 설치해요.

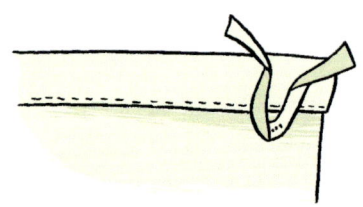

6. 지붕 모양을 만든다고 생각하면서 나뭇가지에 지붕 꼭대기가 될 대나무 양 끝을 밧줄로 묶어요.

아지트를 만들어요

덩굴식물을 이용해 지붕과 벽이 있는 야외 아지트를 만들어요. 집에서 멀리 떨어진 들판이나 숲에 있는 비밀스런 공간을 좋아하는 사람이라면 정말 꿈같은 장소가 될 거예요! 어른 도움을 받아 함께 만들어요.

- 2.4m 나무 말뚝 4개
- 끌
- 모르타르(회반죽)
- 가는 끈
- 2.5m 들보 2개
- 1.7m 들보 2개
- 8cm 나사못 4개
- 철사

1. 가로 2.5m × 세로 1.5m 직사각형을 땅에 그려 아지트 경계를 만들어요. 그리고 말뚝을 박을 수 있게 각 귀퉁이에 40cm 깊이로 구멍을 뚫어요.

2. 톱을 이용해 그림과 같이 말뚝을 몇 cm 정도 반달 모양으로 잘라요. 톱질한 부분을 끌로 떼어낸 후 구멍을 뚫어요.

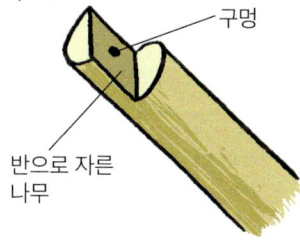

구멍

반으로 자른 나무

3. 각 구멍에 말뚝을 꽂아요. 자갈 몇 개를 집어넣어 고정하고 구멍을 모르타르로 메꿔요. 끝으로 말뚝이 수평으로 유지될 수 있도록 그림과 같이 양 옆을 고정시켜요. 모르타르가 굳을 때까지 하루 정도 기다려요.

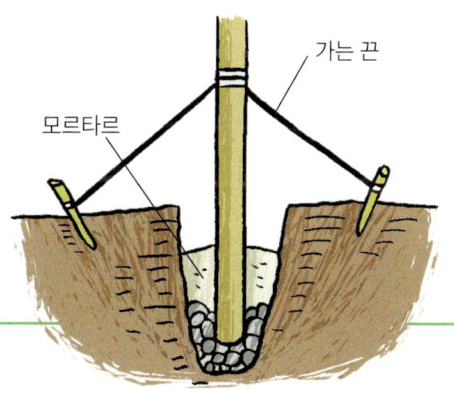

모르타르

가는 끈

4. 지붕을 만들기 위해 2.5m 들보 2개를 준비해 양 끝에서 10cm 내려온 지점에 그림과 같이 반턱이음을 위한 홈을 파요. 홈을 낸 자리에 말뚝을 조립하고 말뚝과 들보를 나사못으로 조여요.

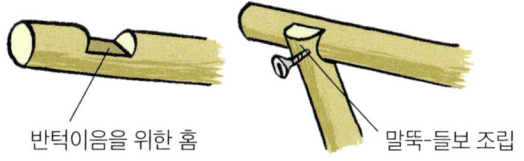

반턱이음을 위한 홈

말뚝-들보 조립

5. 마지막으로 1.7m 들보 2개를 준비해 양 끝에서 10cm 내려온 지점에 반턱이음을 위한 홈을 파요. 그리고 2.5m 들보 두 개와 직각으로 단단하게 조립해요. 그런 다음 들보 사이에 50cm 간격으로 나무판을 대주거나 철사를 묶어 들보를 단단하게 고정시켜요.

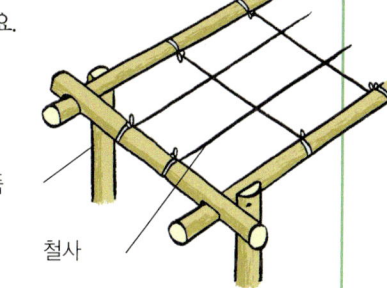

말뚝

철사

6. 이제 지붕을 덮을 넝쿨 식물을 심기만 하면 돼요. 인동덩굴, 담쟁이넝쿨, 송악은 심어놓으면 무척 빨리 자랄 거예요. 보다 단단한 지붕을 만들고 싶다면 도롱박, 수세미, 양다래(키위)를 심어도 좋아요.

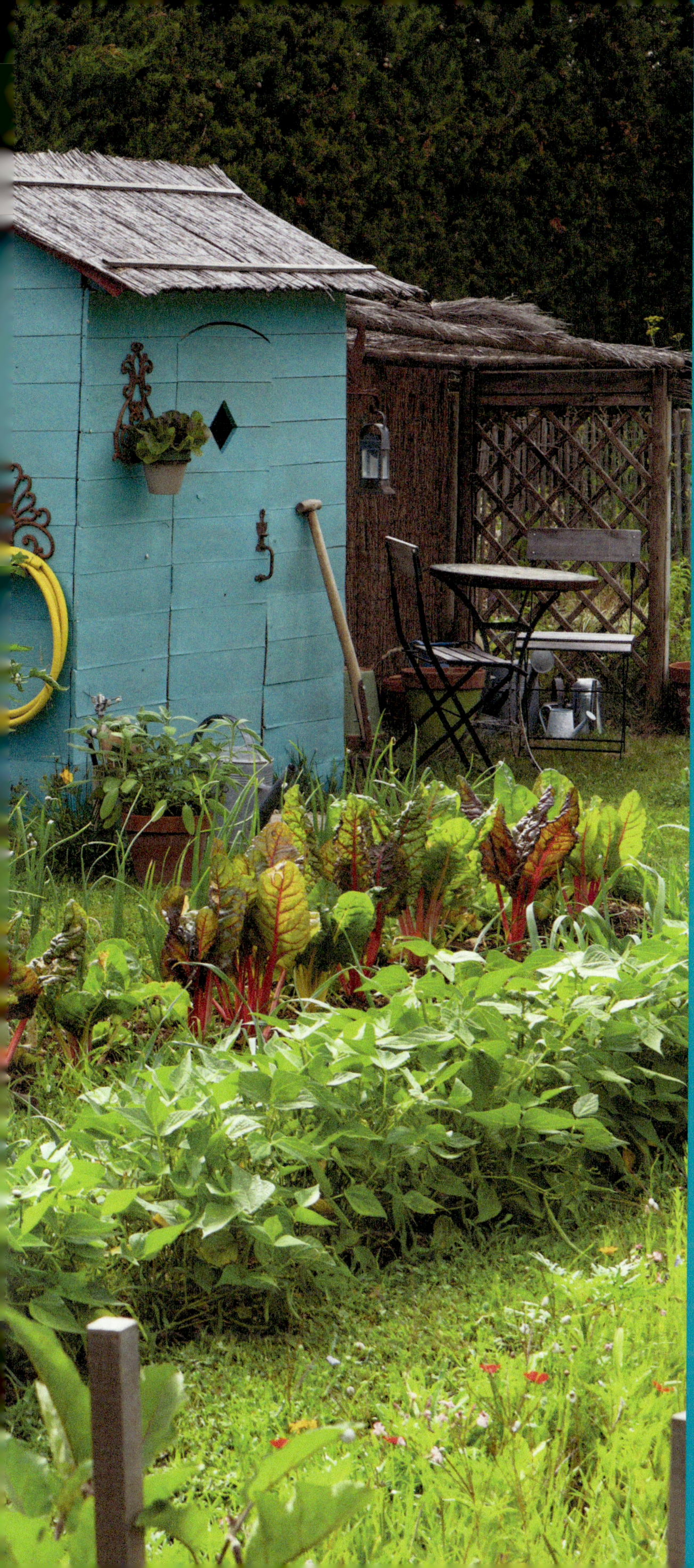

정원에 예쁜 텃밭을 가꿔 정원을 식욕을 돋우는 공간으로 만들어요!

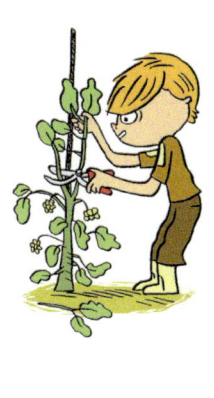

텃밭에 놀러 오세요!

텃밭은 식욕을 돋우는 정원이라 할 수 있어요. 텃밭을 바라보면 마음이 절로 풍요로워지죠. 텃밭에 빈 공간이 생겼다면 그만큼을 수확해 맛있게 먹었다는 증거일 거예요. 자, 그럼 서둘러 땅을 갈고 다시 채소를 심어 볼까요?

정원사 솜씨가 좋으면 텃밭도 정원만큼 아름답게 가꿀 수 있답니다.

손닿는 곳에 채소를

우리는 부모님이나 조부모님과 함께 정원을 가꾸고 있어요. 그렇지만 나만의 작은 텃밭을 일굴 수 있다면 더 좋지 않을까요? 그럼 가장 맛있고 싱싱한 채소를 가까이에 두고 먹을 수 있을 거예요.

텃밭에 가요

팔에는 바구니를 걸고 주머니에는 칼을 넣고 신나게 휘파람을 불며 텃밭에 수확하러 가요. 텃밭에 가는 이 시간은 정말로 행복한 시간이에요. 식탁에 놓을 채소를 수확하러 가는 것이기는 하지만 채소가 잘 자라고 있는지 살펴보는 것도 좋을 거예요. 그렇게 우리는 보다 가까이에서 자연과 계절 변화를 느낄 수 있죠. 그리고 텃밭을 가꾸는 이웃과도 자연스럽게 대화를 나눌 수 있게 될 거예요.

웃자란 양상추

날씨가 더워 양상추가 웃자랐어요. 이런 양상추는 익혀 먹을 수밖에 없어요.

깍지콩을 수확해요.

노균병

비가 많이 왔을 때는 병충해를 조심해요.

138

보기에도 좋은 텃밭

텃밭은 밋밋하다고요? 그렇지 않아요! 곧게 뻗은 이랑과 좁은 고랑은 물론 단조롭게 보일 수 있어요. 하지만 각각의 채소는 저마다 자신만의 색깔과 모양을 뽐낸답니다. 보기에도 좋은 텃밭을 만들려면 틈틈이 잡초를 뽑고 땅을 갈며 성실하게 가꿔줘야 해요. 고랑 끝에는 꽃을 심어 꾸며도 좋고요. 단, 너무 많이 심으면 안돼요. 채소들이 흡수해야 하는 영양분을 꽃들이 빼앗아 먹을 수 있으니까요. 그러니 꽃은 그저 보기 좋을 정도로 조금만 심어요.

루바브

감자

파

당근

양배추

딸기

부추

어렵지 않아요!

작은 텃밭은 큰 힘을 들이지 않고 쉽게 관리할 수 있어요. 1~2m² 크기 땅을 고르고 수확이 끝난 양상추 이랑을 정리해주기만 하면 되니까요. 아침에 짬을 내 할 수 있을 정도죠. 수확하고 나면 곧바로 이랑을 원상복구해요. 이랑을 깨끗이 정리한 후 퇴비를 뿌려 흙을 비옥하게 하고 땅을 골라요. 새로 식물을 심기 전까지 이랑은 봄철 내내 깨끗하게 정돈되어 있어야 해요. 겨울에는 퇴비를 뿌려두어야 하고요.

무엇이든 될 수 있는 감자

감자가 없는 텃밭은 텃밭이라고 할 수 없어요!
$1m^2$ 땅만 있으면 '햇감자'를 맛보는 즐거움을
누릴 수 있답니다. 감자를 심고 두 달이 지나면
지금껏 맛보지 못한 가장 맛있는 감자를
수확할 수 있을 거예요. 수확하지 않고 땅 속에
남겨진 감자들은 더 크게 자랄 거예요.

감자튀김, 감자퓨레, 감자칩, 감자 그라탕을 좋아하나요?
좋아하는 요리에 따라 그에 맞는 품종을 선택해서 심어
보세요.

감자에서 싹이 나왔어요. 이제 심기만 하면 돼요.

감자 싹 틔우기

'씨감자'로 심을 수 있는 품종은 많아요. 감자들은 작은
상자에 담겨 판매되죠. 흰 감자, 자주감자, 붉은 감자가
있어요. 각각 특성에 대한 정보를 찾아보면 좋을 거예요.
따뜻한 봄이 오기를 기다리면서 감자 싹을 틔워요(감자는
추위에 약해요). 상자 안에 감자를 나란히 일렬로 놓고
3월이 되면 햇볕에 내놓으세요. 그럼 건강한 감자 싹이
비죽 올라올 거예요.

알감자를 키워요

3월에 시장에서 싹이 나기 시작한 감자를
구입해요.

1. 거나란 화분에
3분의 2 정도 흙을
채우고 5cm 깊이로
감자를 심어요. 물을
주고 화분을 햇볕에
내놓아요.

2. 일주일이 지나면 잎이 돋아날
거예요. 밑동에 북주기를 해요.

3. 55일 후, 감자 잎이 누렇게 되면
화분을 뒤집으면 알감자가 줄줄이
나올 거예요. 이렇게 수확한 알감자로
맛있는 요리를
만들어요.

어미감자 심기

'씨감자'는 '어미감자'가 된답니다.
어미감자는 잎과 꽃이 피는 땅위줄기와
땅속에서 성장하는 덩이줄기에 영양분을
전달해요. 그렇게 영양분이 다 빠지면 어미
감자는 서서히 쪼그라들다가 썩어버린답니다.
밭이랑에 10cm 깊이로 홈을 파고 40cm
간격으로 씨감자를 심어요. 줄기가 자라기
시작하면 북주기를 해요. 감자 줄기가 더 길게
자라면 반드시 북주기를 한 번 더 해줘야
해요. 그래야 빛을 받을 수 없는 땅 속에서
성장하는 덩이줄기가 잘 자랄 수 있답니다.

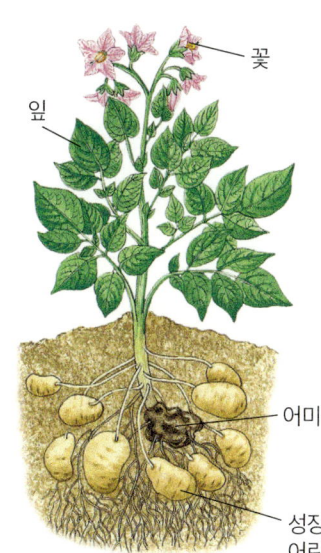

꽃
잎
어미감자
성장하고 있는
어린 덩이줄기

감자 재배일정

- 싹틔우기(발아):
  3월
- 감자심기: 4월(또는
  영하 기온이 끝나는
  시기)
- 수확: 6월(햇감자),
  7월

감자 빠삐요트를 만들어요

- 1인당 감자 2~3개
- 크림
- 부추
- 종이 호일

1. 감자껍질을 벗겨요(취향에 따라 껍질째 써도 돼요). 감자를 한 개씩
종이 호일로 감싼 후, 오븐에 넣고 45분간 익혀요.

2. 작은 그릇에 부추를 넣고 크림을 섞어요.

3. 감자를 오븐에서 꺼내 뜨거울 때 먹어요. 각자 감자를 쪼개서 그
안에 소스를 넣어 먹어요. 손가락과 입천장이 데지 않도록 조심하고요!

감자의 역사

페루 인디언들은 막 수확한
감자를 밤에는 추위에(높은
산에) 낮에는 태양 열기에
노출 시켰어요. 그렇게 며칠이
지나면 감자에서 수분이 완전히
빠져나가죠. 그들은 이 방식을
통해 감자를 오랫동안 보관하고
먹을 수 있었어요. 감자를 물에
담가놓기만 하면 다시 본래
상태로 돌아왔으니까요. 한편
벨기에 사람들은 감자튀김을
만들어냈어요. 2세기 전에
벨기에를 방문했던 한 여행자에
따르면, 겨울이 되면 뫼즈강이
얼어붙어 벨기에 사람들은
낚시를 할 수가 없었어요.
그래서 강변 주민들은 감자를
피라미처럼 작은 물고기
모양으로 잘라 튀겨먹기
시작했고 그것이 지금까지
이어져온 것이랍니다.

연하고 맛있는 당근

당근을 별로 좋아하지 않는다고요? 여러분이 맛 본
당근은 아마도 딱딱하고 싱거운 당근이었을
거예요. 하지만 우리가 직접 씨앗을
뿌리고 키운 당근은 정말
맛있게 먹을 수 있을 거예요.
생으로 먹어도 좋고 요리해서 먹어도 좋아요!

당근 파종하기

당근은 통기성이 좋고 배수가 잘 되는 사토질에서 잘
자라요. 진흙과 자갈이 많은 땅에서는 당근이 휘고
딱딱해지죠. 파종하기 전에 자갈을 제거하고 모래와
부식토를 흙에 섞어요. 조금 깊게 구멍을 파 가능한
일렬로 씨앗을 심어요. 그리고 아주 얕게 흙을
덮어요. 물줄기를 가늘게 해 물을 뿌려요.

익혀 먹으면 부드럽고 생으로
먹으면 아삭한 달큼한 맛을 내는
당근이에요.

조금씩 여러 번 파종해요

당근을 파종할 때는 한꺼번에 하지 말고 조금씩
여러 번 나누어 하는 게 좋아요. 2월~7월에 걸쳐
매달 조금씩 파종하면 신선하고 연한 당근을 충분히
수확할 수 있을 거예요. 7월에는 다른 달보다 더 많이
파종을 해요. 이때 파종한 당근은 10월까지 우리
식탁을 풍성하게 해 줄 거예요. 새싹에 잎이 두 개
정도 돋아나면 솎아주기를 해요. 그리고 또 15일이
지나면 그중 반을 솎아주고요.

1차 솎아주기: 4cm
간격으로 새싹을
하나만 남겨요.

2차 솎아주기: 8cm 간격으로
새싹을 하나만 남겨요.

당근을 수확할 때는 그 줄에서
가장 큰 것들을 뽑아요.

프라이팬으로 당근과 감자요리 만들기

- 감자 2개
- 당근 2개
- 버터
- 파슬리

1. 당근과 감자의 껍질을 벗겨요. 당근을 세로로 2등분 해주세요. 감자를 굵게 슬라이스 해요.

2. 우선 당근과 감자를 삶아요. 다 삶아지면 조금 식혀요.

3. 프라이팬에 버터를 두르고 당근과 감자를 잘 펴서 놓아요. 뒤집어 가며 양쪽 면을 고루 익혀주세요.

4. 다진 파슬리를 뿌려 식탁에 내놓아요.

당근을 거꾸로 키워요

당근을 거꾸로 키워보면 재미있기도 하지만 뿌리의 놀라운 힘도 확인해볼 수 있을 거예요.

- 당근
- 칼
- 작은 나무막대 4개

1. 모양이 예쁜 당근을 준비해요. 줄기를 3cm만 남기고 잎을 잘라요. 그리고 당근 끝에서부터 6cm 정도 잘라요.

2. 다치지 않게 조심하면서 가운데 부분을 3cm 정도 파내요.

3. 작은 나무막대 4개를 당근에 끼우고 실을 달아 햇볕이 잘 드는 장소에 걸어요. 구멍에는 설탕물을 채우고 마르지 않게 계속 보충해요.

4. 빠른 속도로 새잎들이 아래쪽으로 길게 뻗어나갈 거예요.

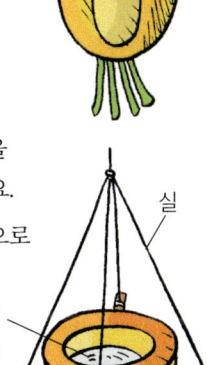

실

가운데
파낸 부분

간식으로 래디시

래디시는 초보 정원사에게 제일 먼저 수확의 기쁨을
맛볼 수 있게 해주는 채소에요. 텃밭에 채소들이
많은 초봄에 래디시는 우리 식탁을
풍성하게 해주죠. 래디시는 '소금만
살짝 뿌려' 생으로 먹어도 맛있어요.

래디시는 알싸한 맛이 나죠. 너무 맵다고 느껴지면 빨간 껍질을
벗기고 먹어요!

파종기를 이용해요.

파종은 세심하게

먼저 파종할 부분 흙을 작은 널빤지로 살살 다진
다음 가는 막대기로 2cm 깊이 작은 고랑을 파요.
일렬로 나란히 파종을 하려면 손보다는 파종기를
사용하는 게 좋아요. 씨앗을 흙으로 덮고 작은
널빤지로 땅을 살살 다져요. 물뿌리개나 분무기로
물을 뿌리고 흙을 늘 촉촉하게 유지시켜요.

새싹들을 솎아요.

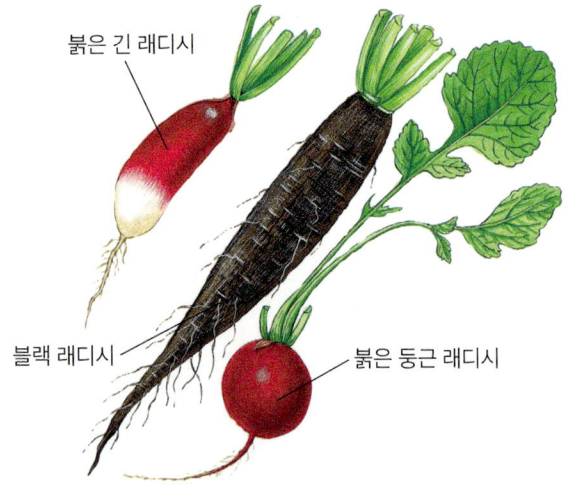

붉은 긴 래디시

블랙 래디시

붉은 둥근 래디시

솎아주기

새싹이 3cm 정도로 자라면 솎아주기를 해요.
솎아주기란 빽빽하게 자란 새싹들을 군데군데 뽑아
새싹들 사이에 공간을 만들어 건강한 새싹들이 더
잘 자랄 수 있게 해주는 작업이에요. 그렇게 4주가
지나면 래디시를 성공적으로 수확할 수 있을 거예요.

144

래디시 재배일정

4월부터 파종해요. 정원에서 파종에 성공했다면 25일에 한 번씩 파종해요. 이렇게 하면 거의 일년 내내 신선한 래디시를 맛 볼 수 있을 거예요.

식탁에 내놓기 직전에 래디시를 수확하면 가장 신선하고 맛있는 래디시를 먹을 수 있어요.

텃밭상자도 괜찮아요

베란다에서도, 커다란 화분에서도, 아니면 텃밭상자에서도 정원에서와 마찬가지로 래디시를 키울 수 있어요. 다만 래디시가 습기 때문에 썩지 않도록 화분의 밑바닥에는 모래나 자갈을 반드시 깔아요.

래디시로 요리를 장식해요.

- 래디시
- 크림치즈
- 빵

1. 래디시를 슬라이스 해요. 빵 위에 크림치즈를 바르고 슬라이스 한 래디시를 겹겹이 올려요.

2. 래디시의 뾰족한 부분에 칼집을 넣어 꽃모양을 만들어요. 칼집 낸 부분을 벌려 그 안에 작은 버터 조각을 넣어요.

파종 실험 해보기

파종 실험을 해보면 파종하는 방식이 수확에 얼마나 큰 영향을 미치는지 확인할 수 있어요.

1. 화분 네 개에 부식토를 채워요. 화분 두 개에는 둥근 래디시(화분 1, 2)를 파종하고 나머지 화분 두 개(화분 3, 4)에는 긴 래디시를 파종해요. 화분 1에는 부식토를 3cm 덮고 화분 2에는 그냥 얇은 막을 덮어요. 흙을 다지고 물을 살짝 뿌려요. 화분 3, 4에도 같은 작업을 해요.

2. 4주가 지났어요. 결과가 어떨까요?

화분 1: 너무 깊이 심은 둥근 래디시 씨앗은 잘 자라지 못했고 모양도 이상해졌어요. 둥근 모양이 전혀 나오지 않았어요.

화분 2: 잘 자랐어요.

화분 3: 깊이 심은 긴 래디시 씨앗은 잘 자랐어요.

화분 4: 너무 얕게 심은 긴 래디시 씨앗은 잘 자라지 못했고 모양도 휘었어요.

식탁 필수품, 양파와 파

양파가 들어가지 않는 음식은 거의 없어요. 양파는 6,000년 전부터 메소포타미아에서 이미 먹기 시작했죠. 파는 중세시대부터 식탁에 빠짐없이 등장했고요.

파와 양파는 맛있지만 눈을 맵게 해요! 이럴 때 물에 넣고 껍질을 벗기면 눈이 맵지 않답니다.

매일 먹는 양파와 파

가족들과 함께 가꾸는 텃밭에서 파와 양파는 우리가 책임지고 키워요. 내가 키운 파는 채소스프에 들어가 부드러움을 더해 줄 것이고 양파는 소스를 만드는 데 사용될 거예요. 거의 매일 먹다시피 하는 이 두 채소를 우리 손으로 직접 키운다면 정말로 뿌듯할 거예요.

파, 양파 재배일정

• 파종하기: 백양파는 8월 중순, 적양파는 3월, 파는 3월, 5월, 9월에 파종해요.
• 수확하기: 백양파는 봄에, 적양파는 여름에, 파는 한 해 내내 수확해요.

양파를 키워요

여름에 신선하게 먹을 수 있는 백양파와 겨우내 건조한 상태로 보관할 수 있는 황양파나 적양파를 구분해요. 그럼 텃밭 한쪽에 양파를 파종해요. 파종한 양파 키가 20cm가 되고 굵기가 연필만 해지면 뽑아서 10cm 간격을 두고 3cm 깊이로 다시 심어요.

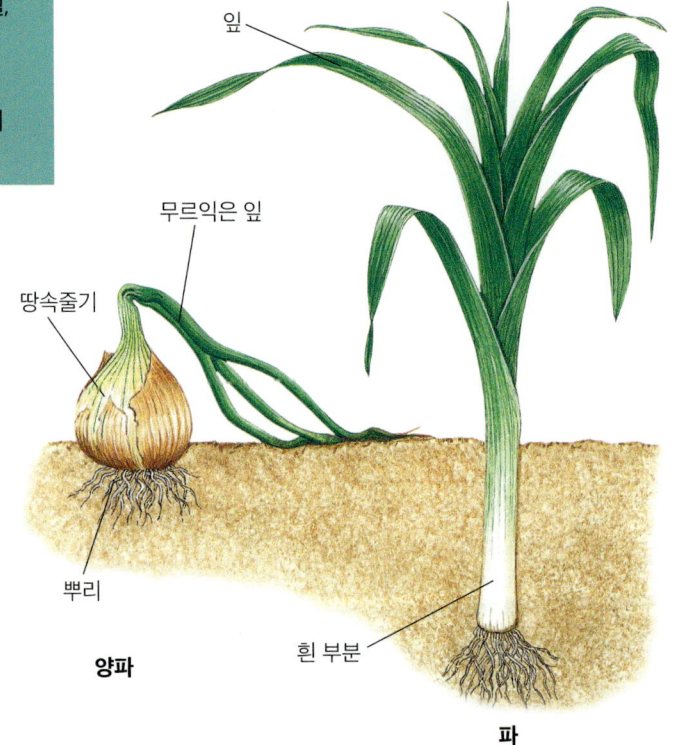

잎
무르익은 잎
땅속줄기
뿌리
양파
흰 부분
파

파를 키워요

양파처럼 파도 파종을 해 키워요. 뿌리를 1cm로 잘라요. 파종기를 이용해 10cm 간격으로 깊게 구멍을 파고 파를 심어요. 구멍에 물을 부으면 구멍이 저절로 다시 막힐 거예요. 그리고 시간이 지나 땅 위로 흰색 긴 줄기가 올라온다면 파종에 성공한 거예요.

파는 흰 부분이 주로 사용되지만 초록색 이파리 부분은 비타민이 풍부하고 풍미도 좋아서 수프나 타르트의 재료로 쓰기에 좋답니다.

마늘

마늘은 양파와 파 사촌으로 백합과에 속하는 식물이에요. 마늘은 약 6~10개 정도 작은 구근(소구근)으로 구성되어 있고 서로 꼭 달라붙어 있어요. 이렇게 붙어 있는 마늘들을 떼어내 10월에 땅에 심어요. 이 시기는 지역마다 다르니 참고만 하세요.

훌륭한 파

야생에서도 파를 흔하게 볼 수 있지만 파는 이미 고대시대부터 재배되어 사랑받았던 채소랍니다. 파는 호흡기와 대장에도 좋다고 해요.

파를 이용해 생선요리를 만들어요

- 대파 1대 (1인당)
- 가시를 제거한 생선살 1개 (1인당)
- 크림
- 오일소스
- 부추
- 월계수
- 레몬

1. 파의 초록색 잎 부분을 조금만 남겨두고 흰부분은 뿌리를 자른 다음 물에 씻어주세요. 어슷썰기로 3등분을 해주세요. 물을 아주 조금 넣고 20분 동안 냄비에 파를 쪄주세요.

2. 접시 맨 밑에 슬라이스 한 레몬, 월계수, 파슬리를 깔아요. 그 위에 생선살을 올리고 소금과 후추를 뿌려요. 레몬, 월계수, 파슬리를 덮어요. 오븐에 20분간 익혀요(또는 전자렌지에 6분).

3. 접시에 대파를 깔고 크림을 부어요. 대파 위에 생선을 올려요. 오일소스와 레몬즙을 뿌려요.

각양각색 강낭콩

강낭콩은 재배하기가 쉽고 수확하기도 쉬워요. 게다가 맛있기까지 하죠! 강낭콩이 없는 여름 텃밭은 상상도 할 수 없어요.

풋강낭콩(그린빈스)

규칙적인 수확에 있어 풋강낭콩은 최고의 채소예요. 정성스럽게 키운 풋강낭콩은 60일이 지나면 수확을 할 수 있어요. 이틀에 한번씩, 10번 풋강낭콩을 수확한다고 생각해봐요. 5월 1일부터 8월 15일까지 15~20일마다 씨앗을 파종하면 여름 내 풋강낭콩을 수확해서 먹을 수 있다는 계산이 쉽게 나와요. 수확량이 너무 많다고 생각되면 30일마다 한 번씩 파종해요.

풋강낭콩은 어떻게 요리하느냐에 따라 다양하게 먹을 수 있어요. 샐러드나 수프로 먹을 수도 있고 찌거나 프라이팬에 튀겨 먹을 수도 있어요.

꽃이 지고 나면 강낭콩이 길게 뻗어나가요.

입에서 살살 녹는 풋강낭콩 만들기

풋강낭콩은 요리하기 어렵지 않아요. 하지만 부드럽게 익히고 싶다면 이렇게 해보세요. 우선 냄비에 물을 충분히 넣고 끓인 다음 풋강낭콩을 넣고 8~10분 동안 팔팔 끓여 익혀요. 그런 다음 손이 데지 않게 조심하면서 맛을 보세요. 여기에 버터, 파슬리, 약간의 마늘(좋아한다면)을 곁들이면 더 맛있게 먹을 수 있어요.

뿌리를 관찰해요

이 관찰을 통해 우리는 파종한 후 땅 속에서 무슨 일이 일어나는지, 식물은 어떻게 성장하는지를 더 잘 이해할 수 있게 될 거예요.

- 널빤지
- 유리판(또는 단단한 플라스틱 판)

1. 어른 도움을 받아 널빤지로 길이 40cm × 넓이 15cm × 높이 20cm 상자를 만들어요. 넓은 면 중 한곳에 유리를 설치해요. 물이 빠질 수 있게 상자 밑바닥에 배수 구멍을 몇 개 뚫어요. 구멍 위에 자갈을 놓아 흙이 밖으로 빠져나가지 않게 해요.

2. 봄이 되면 상자에 고운 부식토를 채워요. 유리판 뒤편으로 작은 나무 조각을 이용해 고랑을 만들어요. 왼쪽에는 래디시 씨앗, 가운데에는 당근 씨앗, 오른쪽에는 강낭콩 씨앗을 각각 2~3개씩 심어요. 그다음 유리판을 검은 플라스틱이나 종이로 완전히 가려요.

3. 상자를 베란다에 놓고 조금씩 물을 주세요. 며칠 후에 가림막을 떼어내고 유심히 관찰해 보세요. 뿌리가 자라고 있을 거예요. 관찰이 끝났으면 재빨리 다시 가림막을 덮어요. 이렇게 하면 매일 매일 식물이 얼마나 더 성장했는지, 어떻게 변화했는지를 확인할 수 있을 거예요.

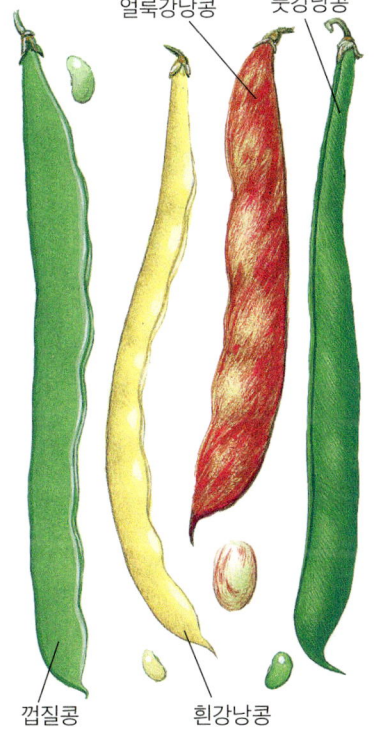
얼룩강낭콩 · 풋강낭콩 · 껍질콩 · 흰강낭콩

흰강낭콩

풋강낭콩을 심고 한 귀퉁이에 '흰색' 강낭콩을 심어요. 파종하고 100일 후에는 수확할 수 있어요. 가을에는 신선하게, 겨울에는 건조시켜서 먹을 수 있는 흰 강낭콩은 요리사와 손님들 모두를 만족시킬 거예요.

밑동에 배토하기

조금 깊게 구멍을 파고 일렬로 나란히 강낭콩 씨앗을 파종해요. 30cm 간격으로 5개씩 씨앗(한 구멍에)을 심어요. 호미로 파종 구멍을 다시 살살 덮어요. 파종하고 나면 물뿌리개로 물을 주고 발아가 될 때까지 서늘하게 유지해요. 발아가 되면 호미로 북주기를 해요. 아 참, 강낭콩은 추위와 민달팽이를 싫어해요.

풋강낭콩 재배일정
- 파종: 5월1일-1차 파종, 5월20일-2차 파종.
- 수확: 7월1일-1차 수확, 7월20일-2차 수확.

한 알씩 집어먹는 잠두콩과 완두콩

잠두콩과 완두콩은 강낭콩과 같은 방식으로 키우면 돼요. 잠두콩은 채소들의 가장 오래된 조상이라 할 수 있어요. 신석기 시대부터 잠두콩을 먹기 시작했으니까요.

잠두콩, 완두콩 같은 콩과식물에는 단백질, 섬유질, 비타민, 다양한 미네랄이 풍부하게 함유되어 있어요. 그야말로 영양소의 보고랍니다!

두 번의 파종

잠두콩은 봄과 가을에 파종하는데 가을 파종은 남부 지방만 가능해요. 우선 5cm 깊이로 구멍을 파요. 잠두콩 이랑에 5cm 간격으로 씨앗 한 개를 심어요. 완두콩 이랑에는 3cm 간격으로 씨앗 2개를 심어요. 마지막으로 흙을 덮어요. 가을 파종은 10월쯤해서 이듬해 6월쯤 수확해요. 발아되기 시작하면 적들의 공격이 시작될 테니까요. 민달팽이, 애벌레, 그리고 어치와 까치가 가까지 오지 못하게 해요.

잠두콩과 완두콩 재배일정

10월에 파종한 잠두콩과 완두콩은 이듬해 5~6월에 수확해요.

모종들을 잘 돌봐줘요

파종을 하고 새싹이 올라오면 이제 너무 빽빽하게 자란 모종들을 솎아 줄 차례에요. 가장 상태가 좋지 않은 모종들을 뽑아요. 잠두콩 모종은 15cm 간격으로 1개, 완두콩 모종은 10cm 간격으로 1개씩만 남겨요. 그리고 잠두콩은 줄기 맨 위에서부터 세 번째 잎이 달려 있는 곳까지 줄기를 잘라요. 완두콩은 잘 자라게 하려면 지지대를 세워야 해요. 예쁜 대나무 울타리를 만들어 지지대로 세워주면 더욱 좋겠죠?

모종들을 솎아요.

지지대로 완두콩을 지지해줘요.

모든 종류의 완두콩

완두콩은 콩과식물이에요. 어떤 완두콩들은
강낭콩이나 스노우피처럼 껍질째 먹을 수 있어요.
중국요리에서 튀겨서 쓰는 그린빈스, 완전히 다
익기 전에 수확하는 미숙완두(아직 익지 않은
완두로 익은 완두보다 수분이 많고 단백질,
지방과 탄수화물은 적은 완두를 말해요)도
있고요. 잠두콩이나 건조시킨 완두콩은 껍질은
벗기고 콩알만 꺼내서 먹어요. 노란색이나 초록색
완두콩은 미숙 완두와 같은 줄기에서 자라지만
완전히 익고 난 다음에 수확한답니다.

고대시대부터 지중해 지역에서 재배되기 시작한 완두콩은
현재 모든 대륙에서 재배되고 있답니다.

나라마다 다른 완두콩 요리

프랑스에서는 완두콩을 갈아서 수프로 먹어요. 지중해
지역, 인도 또는 에티오피아에서는 노란 완두콩을 주로
먹고 수프, 스튜 또는 땅콩처럼 구워먹기도 한답니다.

정원에서 수확한 완두콩으로 요리하기

- 완두콩 400g
- 흰 양파 1개
- 식용유
- 버터 15g
- 허브 한 단(히솝 박하향이 나는 허브의 한 종류-역주 **과 파슬리**)

1. 완두콩 껍질을 까요.
양파 껍질을 벗겨 얇게
썰어요.

2. 프라이팬에 식용유를 두르고 양파가 갈색이 될
때까지 볶아요. 여기에
물기를 제거한 완두콩과
허브를 넣고 프라이팬
뚜껑을 닫아요.

3. 약불에서 12~15분 정도
익혀요. 눌어붙지 않도록
수시로 저어요. 프라이팬을
불에서 내려놓고 버터를
넣어요. 뜨거울 때 맛있게
먹어요!

온갖 소스가 될 수 있는 토마토

토마토가 들어가지 않는 요리는 없다고 해도 과언이 아닐 거예요. 우리는 토마토로 소스, 샐러드, 파르시 고기나 채소 등으로 속을 채운 프랑스 요리-역주를 만들 수 있죠. 또 텃밭에서 바로 따서 먹을 수도 있고요.

토마토는 익었을 때 먹지만 초록색 토마토를 이용해 잼을 만들 수도 있어요.

아메리카 대륙에서 온 토마토

토마토는 감자처럼 페루 안데스 지역에서 유래된 식물이에요. 페루 인디언들은 토마토를 소스로 이용했죠. 반면 유럽에서는 토마토를 오랫동안 관상용 식물로만 이용했어요. 이탈리아 사람들은 토마토를 황금사과(이탈리아어로 pomodoro)라 불렀고 프로방스 사람들은 사랑의 사과라고 불렀죠. 토마토는 보기에도 아름답고 향기도 좋아요. 꽃이 있는 정원에 또는 집 주변에 토마토를 심어보는 건 어떨까요?

토마토의 한살이

토마토를 파종해요. 씨앗이 쉽게 발아될 거예요. 3월이 되면 파종트레이에 씨앗을 뿌리고 햇볕이 잘 드는 따뜻한 창가에 놓아요. 5월에 토마토 모종을 심으면 7월에는 첫 수확을 할 수 있을 거예요. 토마토는 열매가 풍성하게 열리기 때문에 매일매일 수확을 할 수 있답니다. 다만 토마토는 추위에 약하기 때문에 가을에 온도가 영하로 내려가기 시작하면 잎과 줄기가 검어지면서 결국 생명을 다할 거예요. 안타깝지만 토마토의 한살이는 그렇게 끝난답니다.

토마토에는 다양한 품종이 있어요.

마르망드 토마토

방울 토마토

노란 토마토

로마 토마토

토마토 재배일정

- 파종: 3월
- 모종심기: 5월
- 수확: 7월

152

토마토에 지지대를 세워요

씨앗을 발아시켜 토마토를 키울 수도 있고 '모종'을 구입할 수도 있어요.
어떤 경우든 모종이 15~20cm 정도로 자라면 텃밭에 옮겨 심어요. 옮겨
심을 곳의 흙은 부드럽고 영양분이 풍부해야 해요. 60cm 간격으로 한
주씩 심어요. 각각의 주에 지지대를 세워 줄기를 고정시켜요.

토마토 줄기를 빨리 자라게 하려면 밤에는 기온이
내려가니 토마토 줄기를 감싸 보호해요. 신문지로
'모자'를 만들어 덮어주면 좋아요.

세심하게 돌봐요

토마토가 조금씩 익어가고 있어요.

토마토는 예민한 식물이기 때문에 성공적으로 수확하려면
토마토를 세심하게 돌봐야 해요. 이틀에 한 번씩 토마토 밑동에
물을 조금씩만 주세요. 그렇지 않으면 토마토가 썩어버린답니다.
또 병충해로부터 토마토를 보호해야 해요. 병충해를 예방하기 위해
3주에 한 번씩 보르도액을 뿌려요. 마지막으로 반드시 순지르기를
해요. 꽃이 핀 줄기 위쪽으로 잎을 1장만 남기고 줄기는
잘라주세요. 그러면 아래쪽 잎 근처에서 새순이 나올 거예요. 그
새순이 성장할 때까지 둔 다음, 또 다시 같은 방식으로 순지르기를
해 계속해서 필요 없는 곁순들을 제거해요.

허브옷을 입힌 토마토 요리

- 중간 크기의 토마토
- 타임
- 바질
- 파슬리
- 마늘
- 빵가루 또는 구운 빵을 갈아서 사용
- 올리브 오일

1. 토마토의 껍질을 벗기고 허브와
마늘을 얇게 썰어요.

2. 허브, 마늘, 빵가루, 올리브오일을 섞어요. 이
허브옷에 토마토를 굴린 다음 전자렌지에서는 15분,
오븐에서는 45분 정도 익혀요.

토마토 껍질은 질겨요!

토마토 껍질은 조금 질기고 식감도 그리 좋지
않아요. 그러면 껍질을 벗기면 돼요. 어른의 도움을
받아 토마토 껍질에 칼집을 내고 끓는 물에 몇 초간
데친 다음 바로 찬물에 담그세요. 생 토마토 상태가
유지되면서도 껍질을 쉽게 벗길 수 있답니다.

갖가지 박과 식물들

코니숑(프랑스에서 피클로 만들어 먹는 손가락 크기의 작은 오이)에 비해 시중에서 판매되는 오이는 아주 큽니다. 그저 수확을 언제 하느냐의 차이가 있을 뿐이죠. 애호박도 오이와 같은 박과의 식물이에요.

오이, 애호박, 단호박, 서양호박이에요. 우리나라에 재배되는 호박은 애호박, 맷돌호박, 땅콩호박, 주키니, 단호박 등이 있답니다.

따뜻할 때 파종해요

오이와 호박의 커다란 씨앗은 기온이 영하로 내려가지 않을 때에 바깥에서만 파종할 수 있어요. 하지만 파종포트에 파종을 하고 햇볕이 잘 드는 따뜻한 창가에 놓아두면 더 수월하게 파종할 수 있답니다. 씨앗을 파종할 때는 두 개씩 일렬로 나란히 심고 싹이 나오면 가장 건강한 새싹 두 개만을 남겨요. 새싹이 어느 정도 자라면 텃밭에 옮겨 심어요.

98%가 물!

오이는 98%가 수분으로 이루어져 있어요.

코니숑을 키운다면

코니숑을 땅바닥 위에서 자라도록 내버려둘 수도 있어요. 하지만 땅 위를 기면서 자라는 코니숑은 땅의 습기와 병충해 때문에 건강하게 자라지 못해요. 코니숑을 철망에 고정해 키우는 것을 권하는 이유는 바로 그 때문이죠. 그렇게 해주면 코니숑의 덩굴손이 철망을 타고 올라가면서 건강하게 자랄 수 있을 거예요.

코니숑을 심을까? 오이를 심을까?

종묘매장에서는 코니숑보다는 오이를 너 추천할 거예요. 오이를 심으면 지속적으로 수확할 수 있고 수확량도 많기 때문이죠. 반면 코니숑을 심으면 코니숑과 오이(코니숑을 수확하지 않고 자라게 내버려둔다면)를 둘 다 수확할 수 있어요. 코니숑은 반드시 이틀에 한번 수확해줘야 해요. 성공적으로 수확하려면 동시에 너무 많은 오이가 자라도록 내버려 두면 안 돼요. 그러면 식물이 금세 기진맥진해 지거든요.

요거트 오이 샐러드를 만들어요

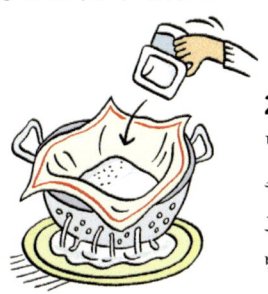

- 오이 1개
- 마늘 1쪽
- 레몬즙
- 요거트 2개
- 올리브유
- 민트잎 1장

1. 오이의 껍질을 벗기고 얇게 썰어요. 소금을 뿌리고 1시간 동안 절여준 후 헹궈요.

2. 요거트를 얇은 면포에 넣고 1시간 동안 수분을 빼요. 수분을 뺀 요거트를 샐러드 그릇에 붓고 마늘과 민트를 빻아서 넣어요.

3. 여기에 오이를 넣고 올리브유와 레몬즙을 뿌려요. 먹기 전에 1시간 동안 냉장고에 보관해 차게 해서 먹어요.

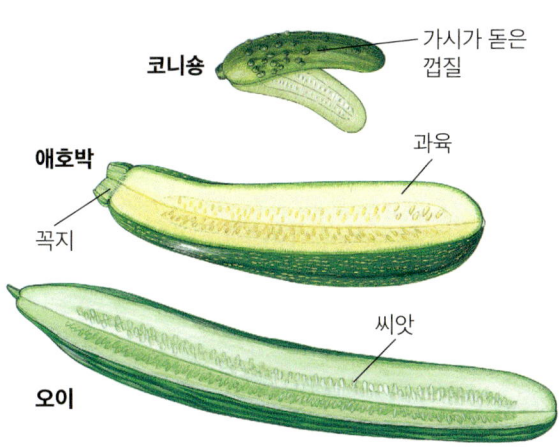

코니숑 — 가시가 돋은 껍질

애호박 — 과육

꼭지

씨앗

오이

물과 영양분을 좋아하는 애호박

영양분과 수분을 좋아하는 애호박은 영양분이 많은 땅에 심어야 해요. 하지만 부드러운 애호박을 성공적으로 수확하는 데 무엇보다도 중요한 것은 그때그때 애호박을 따주는 것이에요. 그렇지 않으면, 애호박이 커지고 씨앗이 맺혀 더 이상 꽃을 피우지 못하거든요.

예쁜 애호박꽃

톱니모양 커다란 애호박잎과 샛노란색의 커다란 애호박꽃은 보기에도 참 좋아요. 그러니 애호박을 정원 한쪽에 심어보면 어떨까요? 하지만 애호박은 자리를 많이 차지하는 정원 '침입자'가 될 수 있으니 조심해야 해요. 애호박이 정원을 무서운 속도로 잠식할 수 있어요. 그래서 애호박을 심을 때는 말뚝을 세워 애호박 줄기를 고정시켜 주어야 해요. 그럼 애호박 줄기가 옆으로 퍼지지 않고 위로 뻗어나갈 거예요.

비덩굴성 호박으로 주키니(땅호박)가 달린 모습

달콤한 멜론

멜론은 식전 에피타이저나 식후 디저트로 주로 먹는 정말로 달콤한 과일이죠. 남아프리카가 원산지이고 햇볕을 좋아하는 멜론은 따뜻한 지역에서만 키울 수 있답니다.

파종과 모종심기

멜론은 비옥하고 수분이 많은 땅에서 햇볕을 많이 받아야 건강하게 자랄 수 있어요. 멜론은 반드시 순지르기를 해줘야 해요. 4월이 되면 파종포트 하나에 2~3개의 씨앗을 심고 햇볕이 잘 드는 따뜻한 창가에 놓아요. 싹이 돋아나면 가장 건강한 싹만 남기고 나머지는 잘라요(뿌리째 뽑지는 마세요). 기온이 더 이상 영하로 내려가지 않을 정도로 날씨가 따뜻해지면 70cm 간격으로 텃밭에 모종을 심어요. 파종포트에서 모종을 꺼낼 때 뿌리 부분이 상하지 않게 조심해요.

우리나라에선 멜론의 재배법에 따라 온실 멜론, 하우스 멜론, 노지 멜론으로 구분해요. 파종할 때 씨앗 선택을 잘해야 해요.

씨앗

파종포트

뿌리가 상하지 않게 조심해요.

멜론 순지르기

텃밭에 모종을 심고 멜론이 어느 정도 자라면 순지르기를 해요. 줄기 맨 끝을 기준으로 두 번째로 난 잎 위쪽의 줄기를 엄지와 검지로 잘라요. 새로 나온 곁순은 아래쪽에 잎을 세 장만 남기고 잘라요. 곁순이 새로 나올 때마다 순지르기를 해요. 이런 식으로 순지르기를 세 차례 해요. 곁순에 열매가 맺히기 시작하면 열매 뒤쪽으로 잎을 두 장만 남기고 잘라요.

멜론 재배일정

- 파종: 4월
- 모종심기: 5월
- 수확: 8월

물을 잘 주고 잘 보호해줘요

멜론을 잘 자라게 하려면 뿌리 쪽에 수분이 많아야 해요. 하지만 잎은 습기는 싫어한답니다. 그러므로 멜론을 심을 때는 이랑을 두둑하게 쌓아 그 위에 심고 줄기를 고정한 뒤 이랑을 만들 때 파놓은 도랑에 물을 흘려보내는 것이 좋아요. 밤에 기온이 15도 이하로 내려갈 때는 천을 덮어 멜론을 보호해요.

섬유질

씨앗

껍질

수분이 많은 멜론과 수박

수박은 건조한 지역에서 무척 잘 자라요. 수박의 두껍고 물이 스미지 않는 껍질은 뿌리에서 올라온 수분을 저장할 수 있게 해주고 붉은색 과육과 씨앗에서 수분이 증발되는 것을 막아준답니다. 수박은 92%가 수분이에요. 그래서 갈증이 날 때 먹으면 더욱 맛있죠! 또 수박에는 8% 당과 비타민도 함유되어 있어 배가 고플 때 먹어도 좋아요.

멜론 퓌레 만들기

• 멜론 1개
• 작은 민트잎

1. 멜론을 2등분으로 잘라 가운데 있는 씨앗들과 섬유질을 제거해 주세요. 멜론을 동그랗게 파낼 수 있는 도구를 이용해 과육을 동그랗게 파서 접시에 놓아 주세요.

2. 남아 있는 과육을 파내 믹서기에 갈아주세요. 동그랗게 파놓은 멜론과 함께 진득하게 갈아놓은 즙을 그릇에 담아주세요.

3. 냉장고에 1시간 정도 보관해 주세요. 먹기 전에 작은 민트잎을 세 장 올려주고 차가울 때 먹어요.

정말로 다양한 상추들!

식사로 내놓을 수 있는 샐러드 믹스, 전식으로 먹을 수 있는 간단한 샐러드, 식사 중에 먹는 양상추 몇 장, 채소 요리로 익혀먹는 상추에 이르기까지 정말로 다양한 상추들이 있답니다.

초록색 상추, 붉은색 적상추 등 정원에 심어놓은 상추는 갖가지 색깔들을 뽐내요!

연하고 부드러운 어린 양상추

양상추는 어릴수록 더 맛있답니다. 그러니 망설이지 말고 완전히 성장하기 전에 잘라서 먹어보세요. 어린 양상추를 쉽게 수확할 수 있는 노하우를 알려줄게요. 양상추를 15cm 간격으로 빽빽하게 심어요. 양상추들이 자라면서 서로 반쯤 겹쳐지면 앞쪽에 있는 양상추들을 잘라요. 그러면 남겨진 양상추는 하나의 공처럼 둥글고 단단하게 자라날 거예요.

상추를 키워요

안정적으로 상추를 수확하고 싶다면 3월~10월까지 3주에 한 번 씨앗을 조금씩 파종해요. 파종하고 4주가 지나면 모종으로 심을 수 있을 만큼 자랄 거예요. 파종기를 이용해 땅에 구멍을 뚫어주면 뿌리를 더 곧게 심을 수 있어요. 필요하다면 손톱으로 뿌리를 조금 다듬어요. 다 심었다면 물을 뿌려요.

민달팽이와 애벌레

호시탐탐 새싹을 노리는 민달팽이는 눈에 잘 띄기 때문에 쉽게 잡을 수 있어요. 하지만 훨씬 더 엉큼한 애벌레(풍뎅이 유충, 방아벌레 유충, 밤나방 유충)는 보이지 않는 곳에서 뿌리를 갉아먹어요. 어린 양상추가 별 다른 이유 없이 시들시들해진다면 밑동 주변을 파보세요. 아마도 애벌레가 숨어 있을 거예요.

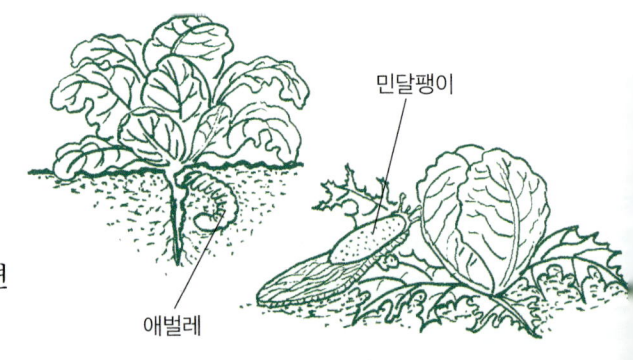

민달팽이

애벌레

상추
상추의 색은 무척 다양해요. 탄탄하고 아삭한 상추는 여름의 더위도 잘 견딘답니다.

양상추
무척 빨리 자라고 부드러운 잎이 둥글게 말려 흰 '사과' 모양이 돼요.

로메인 상추
기다란 로메인 상추는 겉은 진한 초록색이에요. 하지만 안쪽에는 하얗고 부드러운 잎이 숨겨져 있어요.

꽃상추
꽃상추는 속이 꽉 차 있지 않아요. 잎이 무척 부드럽지만 그만큼 쉽게 다칠 수 있답니다.

치커리
치커리는 겨울의 여왕이에요. 흰색 치커리는 잘 보호해 주면 겨울을 날 수 있어요. 게다가 겨울의 낮은 기온이 치커리를 더 부드럽게 만들어줘요.

프리제 치커리
프리제 치커리로 요리할 때 약간의 마늘과 돼지비계를 함께 넣어주면 치커리의 풍미가 한층 더 살아난답니다.

상추와 기온

여름에는 물을 잘 줘도 상추가 완전히 성장하기도 전에 '씨앗을 맺고 말아요.' 그래서 여름에도 안정적인 수확을 하려면 더 자주 파종을 해주는 수밖에 없어요. 겨울을 나는 치커리는 기온이 영하로 내려가면 볏짚, 낙엽, 또는 천으로 덮어 보호해요. 아니면 그냥 비닐을 덮어도 괜찮아요.

입맛을 돋우는 흰색 치커리

흰색 치커리는 정말 맛있지만 조금 질기다는 단점이 있어요. 그럼 이렇게 해보세요. 25cm 간격으로 심어야 하는 치커리를 20cm 간격으로 빽빽하게 심어요. 치커리의 잎을 하얗게 만들기 위해 치커리 끝부분을 끌어올려 묶어요. 반드시 그래야 하는 것은 아니지만 검은색 플라스틱통으로 치커리를 덮어도 좋아요(습한 날씨에는 권장하지 않아요). 이렇게 3주가 지나면 딱 먹기 좋은 부드러운 흰색 치커리로 자라 있을 거예요.

엔다이브는 요리하기 쉬운 채소예요. 엔다이브는 비트로프라고도 불러요.

맛도 좋고 보기도 좋은 아티초크

엉겅퀴를 아시나요? 아티초크는 엉겅퀴 일종으로 정원사들이 선별해 재배하는 데 성공한 품종이랍니다. 재배한 아티초크는 가시가 더 많고 꽃봉오리가 아주 커요. 그리고 꽃봉오리 가장 안쪽에는 비늘같이 단단한 '잎사귀'가 감싸고 있는 과육, '아티초크 하트'가 숨어 있어요.

아랍어에서 유래된 아티초크라는 이름은 '땅의 가시'를 뜻한답니다.

햇볕이 잘 드는 곳에

아티초크는 자리를 많이 차지해요. 잿빛이 도는 우아한 잎사귀가 붙어 있는 아티초크는 무더기로 자라기 때문에 한 주당 1m²의 공간을 뒤덮는답니다. 아티초크는 한 자리에서 여러 해 키울 수 있고 수확도 풍성하게 할 수 있어요. 하지만 신경 써야 할 것들이 많아요. 먼저 아티초크는 영양분이 풍부한 땅에 생명력이 왕성한 뿌리가 내릴 수 있도록 깊숙이 심어야 해요. 또 겨울에는 습하지 않게 해주고 여름에는 물을 충분히 줘야 해요. 우리나라에서 판매되는 아티초크는 거의 수입입니다. 냉동이나 분말상태가 들어와요. 추위에 무척 약하기 때문에 남부지방에서만 재배가 가능해요.

아티초크 한 다발에는 4~5개 꽃봉오리가 있어요.

적당한 거리를 유지해요

아티초크를 심으려면 원줄기에서 분리한 '곁순'을 준비해야 해요. 곁순 2개를 20cm 간격으로 심어요. 그럼 이 두 개의 곁순이 한 다발로 자란답니다. 한 다발로 성장한 아티초크는 다시 1m 간격으로 심어요. 매년 여러 개의 곁순들이 뿌리에서 돋아날 거예요. 3월에는 순지르기를 해 곁순을 1~2개만 남겨두고 모두 제거해요.

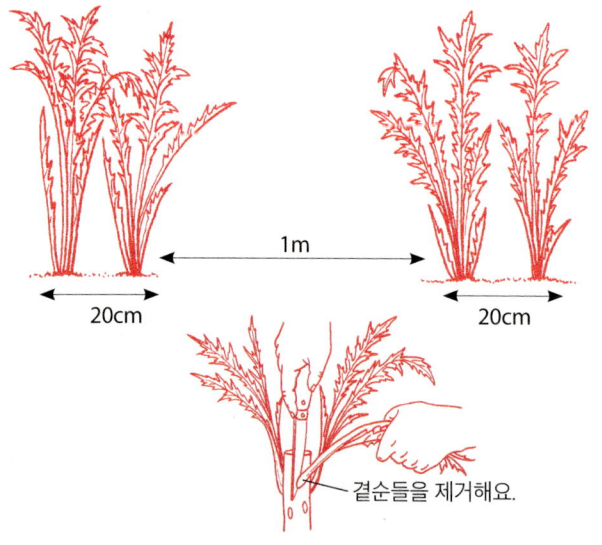

1m

20cm

20cm

곁순들을 제거해요.

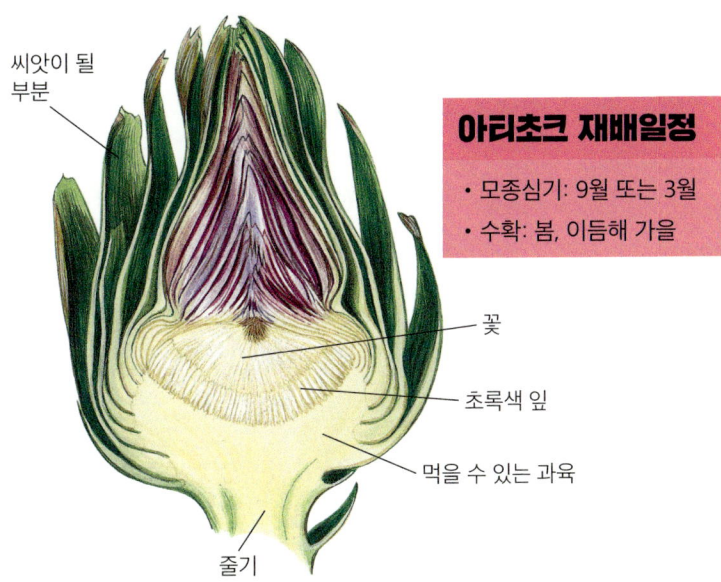

씨앗이 될
부분

꽃

초록색 잎

먹을 수 있는 과육

줄기

아티초크 재배일정

- 모종심기: 9월 또는 3월
- 수확: 봄, 이듬해 가을

아티초크를 심어 화단을 아름답게 꾸며요.

아티초크 꽃

아티초크가 먹기 좋게 성장했을 때 수확하지 않으면 아티초크는 우리에게 깜짝 놀랄 만한 선물을 줄 거예요. '잎사귀'들이 벌어지면서 '아티초크 하트'에서 꽃이 피거든요. 아티초크 꽃으로 꽃다발을 만들어 집안에 둔다면 정말 특별해 보일 거예요. 아티초크 꽃다발을 위해 몇 개는 꽃이 피도록 그냥 두는 것도 좋을 거예요!

그리스식 아티초크 요리

이 요리는 그리스와 터키에서 봄에 주로 해먹는답니다.

- **아티초크**
- **올리브유**
- **노란 잠두콩**
- **레몬즙**
- **달걀**
- **딜**(허브의 일종으로 상쾌한 향이 나 주로 생선요리에 곁들여요-역주)

1. 가시와 잎을 제거하고 아티초크 과육을 준비해요. 레몬즙을 뿌려 갈변되는 것을 방지해요.

2. 냄비에 물 1컵, 올리브 오일 2스푼을 넣어요. 여기에 노란 잠두콩과 아티초크 과육을 넣어요. 냄비뚜껑을 닫고 약불에서 40분간 익혀요.

3. 레몬즙, 달걀, 다진 딜을 섞어 소스를 만들어요. 냄비의 불을 끄고 소스를 아티초크 위에 재빨리 부어요. 냄비를 조심스럽게 흔들어 주면 소스가 되직해질 거예요.

허브를 키워요

정원에 허브를 키워요. 허브들은 아주 잘 자란답니다. 언제든 필요할 때마다 요리에 파슬리나 타라곤 같은 허브를 정원에서 수확할 수 있다면 허브를 키우는 일이 정말로 재미있어질 거예요.

허브는 조금만 사용해도 요리의 풍미를 한층 끌어올려요. 또 채소와 마찬가지로 심장과 혈관을 보호해 건강에도 이롭답니다.

로즈마리는 겨울에 꽃이 피어요.

한 해 내내 수확할 수 있는 허브

추위에 강한 허브도 있고 그렇지 못한 허브도 있어요. 셀러리는 남쪽지방에서는 겨울을 날 수 있지만 북쪽지방에서는 얼어요. 파슬리는 새벽 추위에 약해요. 어쨌거나 추위에서 허브를 보호하는 가장 좋은 방법은 추위에 대비해 허브를 천으로 덮는 거예요.

가장 좋은 장소는?

허브를 심을 때는 필요할 때 바로 수확할 수 있는 장소에 심는 것이 좋아요. 그러면 주방 가까이에 심는 것이 가장 좋겠죠? 아니면 베란다에 텃밭상자를 놓고 키울 수도 있고요. 단, 흙에 영양분을 충분히 공급해주고 물도 제때 잘 줘야 해요. 허브는 야외에서 더 잘 자라기는 하지만 모든 종류의 허브에는 각각에 필요한 조건들이 있기 때문에 똑같은 재배방식을 적용할 수는 없답니다.

요리의 풍미를 완전히 바꿔주는 타임

타임은 프로방스에서 생산되는 허브들 중 최고라고 손꼽히죠. 타임은 주로 황무지에서 자라요. 비슷한 품종인 야생타임은 산에서 많이 자라고요. 타임은 여러 요리에 사용할 수 있어요.

- 토마토 파르시: 잎을 따서 파르시에 섞어요.
- 토마토 소스: 타임의 향을 살리기 위해 요리의 가장 마지막 단계에 넣어요.
- 토마토 샐러드: 프렌치 드레싱을 만들기 한 시간 전에 식초에 타임을 담가요.
- 허브티: 뜨거운 물에 타임을 넣고 우려내어 마시면 불면증에 도움이 돼요.

162

여름이 주는 선물

허브들이 자라려면 태양의 열기가 필요해요.
추위가 시작되면 허브들은 겨울잠을 자거나
죽어버려요. 하지만 죽은 허브들은 우리에게
씨앗을 남겨주죠. 그리고 그저 겨울잠에 빠졌던
허브들은 봄이 되면 새순을 빼꼼히 내밀어요.

허브는 어디에서 왔을까?

허브는 아시아, 열대지방 또는 프랑스 초원이나
자갈밭에서 자라요. 허브는 몇 세기 전부터
재배되어 약으로 쓰이기도 하고 요리에 쓰이기도
했죠. 사람들은 예로부터 밋밋한 요리에 풍미를
더해주는 향신료를 좋아했어요. 오늘날 쉐프들은
자신들의 요리에 딱 알맞은 양의 허브를 넣어
자신만의 대표 메뉴를 선보이죠.

제철에 수확한 신선한 허브들의 맛을 즐겨요. 허브를 수확해
소량으로 다발을 만들어 말려두면 한 해 내내 허브를 사용할 수
있어요.

그러면 월계수는?

요리 풍미를 돋우기 위해 월계수
잎을 꼭 넣어야 하는 요리들이
있어요. 하지만 허브들을 심은
정원에 굳이 월계수를 심을
필요는 없어요! 월계수는 주로
울타리용 나무로 사용되기 때문에
필요하다면 거기에서 이파리를
따오면 된답니다.

소리쟁이는 강인하고 손이 많이
가지 않는 허브에요. 정원 한 쪽에
한꺼번에 심어주면 돼요. 시큼한 맛이
나는 소리쟁이 어린잎은 채소스프와
오믈렛의 맛을 한층 더 살려준답니다.

파슬리는 장소를 바꿔가면서
매년 2월이나 3월에 파종해요.
파슬리는 무척 빨리 자라기
때문에 질긴 잎들을 그때그때
잘라주면 연한 잎만 남길 수
있어요. 8월 초에 2차 파종을
하면 추위에 강한 새싹이
돋아나요.

세이지

세이보리

타임

처빌은 8월 15일경, 가능한
햇빛이 날 때 파종해요.
처빌은 겨우내 자란답니다.
샐러드와 몇몇 요리에 처빌을
넣으면(익히지 않고) 특별한
풍미를 느낄 수 있어요.

세이지, 세이보리, 타임은 한 해 내내 수확할 수 있는
허브들이에요. 새순이 1~2개만 있으면 충분해요.
너무 많이 번식하는 것을 막으려면 2월에 줄기를
솎아주세요. 화단의 빈 곳에 쉽게 심을 수 있어요.

허브를 키우는 텃밭에 **셀러리**는
1~2줄기 정도만 심으면 충분해요.
셀러리는 필요에 따라 잎을
떼어내도 잘 자란답니다.

딜은 무척 섬세한 향이
나는 허브예요. 아니스향이
살짝 나기도 하는 딜은
생선과 무척 잘 어울려요.
딜은 겨울에 얼어버리니
2월~3월에 파종을 해요.
여름에는 딜이 무척 빠르게
씨앗을 맺으니 매달
파종을 해요.

부추는 생명력이 강해도
너무 강하답니다.
무더기로 자라는 부추는
순식간에 불어나요.
그렇게 되면 줄기는 더
이상 아무 힘도 못쓸
정도로 가늘어져요.
가을에는 부추를 뽑아
포기나누기를 해줘야
해요. 그리고 겨울이 되면
겨울잠을 잔답니다.

잎

씨앗

바질은 프로방스 '바질 페스토'의 재료가
되는 허브예요. 초봄에 1~2개의 모종을
구입해 햇빛이 날 때 모종을 심고 물을
주세요. 파종을 한다면 새싹이 나왔을 때
솎아요. 추위가 오기 전에 바질을 뽑아서
잎을 말려두면 겨우내 쓸 수 있어요.

향이 무척 강한 **고수**는 호불호가 갈리는
허브예요. 딜과 같은 재배방법으로 키울
수 있어요. 여름 내 고수를 먹고 싶다면
봄, 여름에 매달 파종해요.

타라곤은 영양분이 풍부한
땅에 심어야 하고 자리를
옮기면 안 돼요. 겨울에는
사라졌다가 봄이 되면 여린
새순이 돋아나죠. 6월이 되면
꽃이 피지 않게 솎아주기를
해야 해요. 우선 줄기의 절반
정도를 솎아주고 새순이
수확할 수 있을 정도로 자라면
다른 쪽 줄기를 또 다시 절반
정도 솎아요.

새콤달콤한 딸기

정원에서 한 해에 가장 처음으로 수확하는 딸기는 키우기에 그리
까다롭지는 않지만 그래도 잘 돌봐줘야 해요. 딸기를 재배할 때
무엇보다도 중요한 것은 햇볕이 잘 드는 곳에 심어야 한다는
것이랍니다.

엄밀히 말하면 딸기는 '가짜
열매'예요. 우리가 먹는 부분은
사실 꽃턱(꽃자루 끝의 볼록한
부분으로 암술과 수술·꽃잎·꽃받침
등이 달려 있는 곳-역주)이 부푼
것이기 때문이에요.

앞으로 이렇게 예쁜 딸기를 수확하게 될 거예요!

딸기밭을 두둑하게 만들어요

딸기를 심으려면 흙에 영양분이 풍부하고 배수성과
통기성이 좋아야 해요. 따라서 흙에 물이 고여 있지
않도록 딸기밭이 될 이랑을 두둑하게 높이 올려주면
좋아요. 약 70cm 넓이로 이랑을 만들고 양측에 작은
통로를 만들어 주면 '딸기밭'이 되기에 충분해요.
통로는 수확을 할 때가 되면 매일 드나들게 될
거예요. 딸기밭에 30cm 간격으로 모종을 2열로
심어요.

봄에는 딸기밭에 정성을 쏟아요

겨울이 끝나면 잊지 말고
텃밭을 정리하고 딸기를 심기
위한 준비를 해야 해요.

3. 딸기가 땅 표면에 닿아
상하지 않게 땅 위에 볏짚을
깔아요. 검은 비닐을 씌워도
되지만 볏짚을 까는 것이
보기에 더 좋아요.

1. 가을에 시들어버린 잎들을
조심스럽게 모두 제거해요.

2. 겨울비 때문에 내려앉은
땅을 갈아 부드럽게 만들어요.

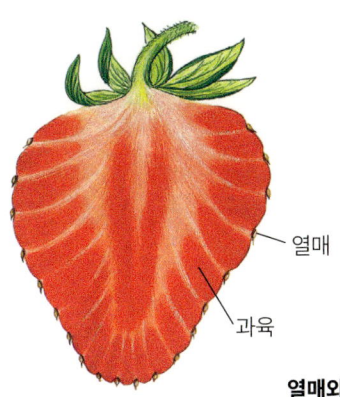

열매

과육

꽃

열매와 꽃

딸기 재배일정

• 봄 또는 7월에 모종을 심어요.

어떤 품종을 심을까요?

딸기는 품종에 따라 맛이 달라요. 종묘매장에 가면 품종의 이름이 라벨에 쓰여 있어요. 여러 품종들을 비교하고 마음에 드는 모종을 구입해요. 그런데 이미 딸기를 키우고 있다면 딸기의 기는 줄기를 잘라 꺾꽂이를 할 수 있어요. 기는 줄기는 딸기에서 뻗어 나온 줄기로 어린 딸기가 자연적으로 그 줄기 끝에서 자란답니다. 이 줄기에서 뿌리가 나오면 본줄기에서 떼어 곧바로 심어요. 이 작업은 7월이 되면 할 수 있어요.

기는 줄기

딸기도 늙는답니다

몇 해가 지나면 딸기는 더 이상 실한 열매를 맺지 못해요. 그래서 2년마다 딸기를 다시 심어야 해요. 딸기를 심을 때는 두 가지 품종을 심는 것이 좋아요. 하나는 봄부터 열매를 맺는 품종(비닐을 씌워주면 더 좋아요)이고, 다른 하나는 기후 조건이 맞는다면 봄이 끝날 무렵부터 가을까지 열매를 맺는 품종이에요.

프레지어와 딸기의 역사

로마인들은 나무딸기를 채집하곤 했고 이것을 '냄새가 좋다'는 의미의 동사 fragare에서 따와 fragariae라 불렀어요. 라틴어 fragariae는 프랑스어로 'fraises(딸기)'라는 명사를 만들어 냈고요. 딸기 어원에 대해서는 의심의 여지가 없어요. 그러니 18세기에 프레지어Frézier라는 한 탐험가가 칠레에서 야생 딸기나무 모종을 들여왔기 때문에 'fraisier(딸기나무)'라는 단어가 탄생했고 거기에서 현재의 모든 딸기의 품종이 파생되었다는 이야기는 사실이 아니에요. 그것은 우연일 뿐, 프레지어는 딸기나무를 발견한 적이 없답니다!

딸기 시럽을 만들어요

• 딸기 500g
• 설탕

1. 딸기 꼭지를 떼고 씻어요. 냄비에 딸기를 넣고 아주 약한 불에서 뚜껑을 닫고 딸기를 익혀요. 수시로 저어주고 30초 동안 부글부글 끓게 두세요.

2. 불에서 냄비를 내리고 뚜껑을 덮어요. 딸기가 미지근하게 식으면 채반에 딸기를 넣고 즙을 짜요.

3. 즙의 무게를 재보고 즙 100g당 설탕 120g을 넣어요. 이 즙을 2분 동안 끓인 후 병에 담아요.

4. 즙을 내고 난 딸기를 한 번 더 미지근하게 덥혀요. 맛을 보고 설탕을 넣으면 맛있는 딸기 콩포트가 완성돼요. 딸기 콩포트는 냉장고에 보관해요.

붉은색 과일들

모든 종류의 나무딸기가 그렇듯이 산딸기나무는 야생에서 번식이
잘 된답니다. 하지만 집에서도 쉽게 키울 수 있어요. 그리고 정원
한 쪽에 까치밥나무도 심어보세요. 그렇게 하면 새콤달콤한
붉은색 과일들을 다양하게 맛볼 수 있을 거예요!

작은 산딸기 열매에는 솜털들이
덮여 있어요. 만지면 정말
부드러울 것 같아요!

그늘에서 자라는 산딸기나무

산딸기나무 줄기는 무척 질겨요. 산딸기나무는 가을에 뿌리째 심거나
봄에는 그늘로 옮겨 심어요. 산딸기나무는 영양분을 많이 흡수하기
때문에 겨울에 퇴비나 거름을 충분히 줘야 해요. 건조한 날씨에는 물을
충분히 주고요.

산딸기는 조금은 제멋대로 뻗어나가지만 정말 맛있답니다!

산딸기를 정원에 심어 봐요

산딸기를 쉽게 수확하고 싶다면 덩굴손이
얽혀있고 가시에 찔릴 수 있는 덤불에
들어가는 대신, 어른 도움을 받아 줄기를
고정할 수 있는 철망을 설치해요. 말뚝 몇 개와
철사 두 줄만 있으면 돼요. 겨울이 되면 어린
순을 3분의 1정도 자르고 구부려서 철사에
묶어요. 이렇게 하면 열매를 맺는 가지가
바깥쪽으로 자라게 되어 산딸기를 더 쉽게 딸
수 있을 거예요.

관리가 필요한 산딸기나무

산딸기나무는 한 줄기에서 딱 한 해만 열매를 맺고
그 다음에는 새 줄기에서 열매를
맺는 고유한 특성이 있어요. 따라서
수확을 한 다음에는 열매를 맺었던
줄기를 모두 잘라야 해요.
새로 나온 줄기 역시 모두
다 남겨두어서는 안
돼요. 새 줄기들 중 가장
튼튼한 줄기를 골라 한
그루당 세 줄기만을 남기고
나머지는 모두 잘라요.

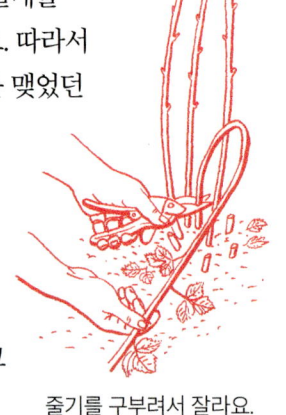

줄기를 구부려서 잘라요.

햇볕을 좋아하는 까치밥나무

까치밥나무 꺾꽂이는 무척 쉬워요. 겨울에 꺾꽂이 가지 하나를 심어 놓으면 새순이 돋아날 거예요. 하지만 제대로 수확하려면 3년을 기다려야 해요. 더 빨리 수확하고 싶다면 뿌리가 난 모종을 구입해 심는 것이 더 좋겠죠. 햇볕을 충분히 받은 까치밥나무는 열매를 풍성하게 맺을 수 있어요. 그늘에서 자란 까치밥나무 열매는 그 수도 적고 당도도 떨어진답니다. 까치밥나무는 뿌리를 깊게 내리지는 않지만 영양분을 좋아해요. 겨울에는 땅에 퇴비를 뿌려주고 수확을 하고 난 다음에는 물을 충분히 줘야 해요.

냠냠! 까치밥나무 열매의 시큼한 맛을 느껴보세요.

관목 가지치기

까치밥나무에서는 매년 새로운 가지가 나오기 때문에 결국 가지끼리 엉켜요. 그러면 다음 수확에 방해가 되죠. 그래서 가지치기를 해주어야 해요. 원칙은 가지들끼리 충분한 공간을 확보할 수 있도록 가지를 잘라주는 것이죠. 새순을 1~2개만 남기고 가지치기를 해주면 나무에 다시 생기가 돌 거예요. 자 이제 전지가위를 들고 까치밥나무 앞에 서세요. 가지치기를 하는 동안에는 틈틈이 멈춰 서서 작업이 잘 되고 있는지를 확인해요. 서로 엉켜 있는 연약한 가지가 아닌 튼튼하고 정돈된 가지로 만드는 것이 작업의 목적이에요.

열매가 잘 맺혔어요. 하지만 새들 공격을 조심해요!

가지가 너무 많아요.

가지치기를 하면 다음 수확이 더 풍성해져요.

붉은 과일 콩포트를 만들어요

- 까치밥나무 열매 1컵
- 산딸기 1컵
- 설탕 50g

1. 까치밥나무 열매를 씻어서 냄비에 넣어요. 물 한 큰 술과 설탕을 넣어요. 센 불에 올려놓고 계속 저어요. 끓기 시작하면 불을 끄고 미지근하게 식혀요.

2. 졸인 열매들을 체에 거른 후 냉장고에 넣어요. 단맛이 충분히 나는지 확인하고 신선한 산딸기를 넣어서 맛있게 먹어요.

그림을 그린다 생각하고 정원에 어떻게 꽃을 심을지 구상해
봐요. 전체적으로 아름다운 형태를 만들고 세세한 부분들까지
신경 쓰며 색들이 조화를 이루도록 해요!

꽃이 있는 정원

꽃들은 우리의 눈길을 사로잡아요!
잡지에서, 공원에서, 자연에서 만나는
모든 꽃들이 다 아름다워요. 자신이
어떤 꽃을 좋아하는지 아직 파악하지
못했다면 우선 가장 키우기 쉬운
꽃부터 심어 보면 어떨까요? 초보
정원사가 키워도 잘 자라는 꽃을요!

화려한 장미들

장미는 가시가 있고 병충해에도 약한 데다 수명도 짧아요. 그럼에도 우리는 이 모든 것들을
받아들일 수밖에 없답니다. 이렇게 아름다운 꽃을 어떻게 미워할 수 있겠어요?

'네덜란드의 별'이라는 이름을 가진 장미는 향기가 무척
진해요.

맨뿌리묘? 포트묘?

원예매장에서는 사철 내내 포트에 심긴
장미묘목을 판매하고 있어요. 이런 묘목을 사서
정원에 옮겨 심고 많은 정성을 쏟아 키워볼 수
있겠죠. 하지만 겨울에는 더 건강하게 자랄 수
있는 '맨뿌리묘'를 사서 심는 것이 좋아요. 묘목을
구입한 후에는 서둘러 묘목을 돌봐줘야 해요.
우선 1시간 동안 뿌리를 물에 담가주고 20~25cm
길이로 뿌리를 잘라 손상된 부분을 제거해요.
묘목 뿌리가 뻗어나갈 수 있게 땅에 충분히
커다란 구덩이를 파요. 봄에는 40~50cm 길이로
가지를 잘라요.

장미 꺾꽂이하기

원가지에서 핀 꽃과 똑같은 꽃이 피는 장미를 갖고
싶다면 11월에 꺾꽂이를 해요.

1. 올해에 새로 나온 가지를 25~30cm 정도 잘라요.
위쪽은 마디 위쪽으로 아래쪽은 마디 아래쪽으로
잘라 마디가 상하지 않게 해요. 꺾꽂이 가지를 여러
개 준비해두면 더 좋아요.

2. 땅에 작은 구덩이를 파고 모래를 깔아요. 꺾꽂이
가지를 15cm 간격으로 모래 속에 심고 흙을
덮어요. 봄이 되면 적당히 물을 주세요.

3. 꺾꽂이 가지에서 뿌리가 내리고 자라기
시작해요. 하지만 이 가지는 아직 연약하니 잘
돌봐야 해요. 가을이 되면 정원의
정해둔 곳에 가장 튼튼하게
자란 가지를 옮겨
심어요.

나만의 장미를 키워요

우리는 장미의 싹을 틔우고 꽃을 피워 나만의 장미를 키울 수 있어요. 꽃 몇 송이가 열매를 맺도록 그대로 두세요. 그리고 11월이 되면 씨앗이 들어 있는 열매를 수확해요. 수확한 장미열매를 모래를 가득 채운 화분에 넣고 새들이 쪼아 먹지 않도록 화분을 철망으로 덮어요. 추울 때 바깥에 놔두어도 괜찮지만 비를 맞게 해서는 안 돼요.

꽃이 필까요?

2월에는 장미열매를 열어 씨앗을 채취해요. 그런 다음 파종트레이에 씨앗을 심고 싹을 틔워요. 새싹이 10~12cm 정도로 자라면 가장 건강한 새싹을 땅에 옮겨 심어요. 환경이 맞으면 여름부터 장미에서 꽃이 필 수도 있지만 대부분의 경우는 이듬해까지 기다려야 꽃을 볼 수 있어요. 그리고 유난히 아름다운 장미꽃 한 송이가 피어나겠죠? 하지만 그 꽃은 씨앗을 채취했던 장미꽃의 모양과 똑같지 않을 테니 놀라지 말아요.

꽃받침

열매

부드럽게 휘어지는 찔레꽃 가지는 6m까지 자라요. 6월이 되면 흰색 꽃들이 무리지어 피어나죠. 가을이 되면 아주 예쁜 붉은 열매를 맺고요.

'바가텔' 장미는 봉오리일 때는 진한 분홍색이지만 활짝 피어나면 연한 분홍색으로 변한답니다.

덩굴장미는 아치나 정자에 완벽하게 어울리는 장미예요.
줄기가 3~4m까지 자란답니다.

장미 가꾸기

장미꽃이 풍성하게 피어나는 것을 보려면 심어 놓은 장미를 최선을 다해 가꿔야 해요.
하지만 어렵지 않으니 미리 걱정하지 말아요. 그저 성실하게 틈틈이 가꾸기만 하면 된답니다.

전략적으로 관리해요!

겨울에도 장미를 돌봐야 해요. 전지가위로 죽은
가지와 연약한 새순을 모두 잘라요. 다른 가지들
역시 50cm 정도만 남겨두고 잘라요. 2월에는
본격적으로 가지치기를 해요. 꽃이 많이 필 수
있는 가장 건강한 가지 4~5개만 남겨요. 또한
나중에 피어날 장미들이 공간을 확보할 수
있도록 바깥쪽으로 뻗은 가지도 가능한 남겨요.
각 가지에는 2~4개 잎눈만 남겨두고 나머지는
제거해요. 잎눈이란 잎겨드랑이에 달린 새순으로
여기에서 잔가지가 돋아난답니다.

장미에 영양분을 주세요

장미는 햇빛을 좋아하고 습기를 싫어해요. 하지만
비교적 아무 땅에서나 잘 자란답니다. 동물성 비료와
나뭇재를 땅에 뿌려 땅을 비옥하게 해줘야 꽃이 잘
피어요. 처음 핀 꽃이 지고나면 장미에 비료를 한
번 주고 4주 후에 한 번 더 주세요. 심어놓은 장미에
적합한 비료는 어떤 것이 있는지 인터넷에 정보를
찾아보면 좋을 거예요.

1년에 두 번 꽃이 피어요.

장미는 꽃이 피는 속씨식물에 속해요. 장미 중에는 일
년에 두 번 꽃이 피는 품종도 있어요. 이런 품종은 봄에
1차로 꽃이 핀 뒤, 나중에 잎과 꽃이 한 번 더 핀답니다.

시든 꽃들을 제거해요

장미에 열매가 빨리 맺히지 않게 하고 꽃을 한 번 더 피게 하려면 시든 꽃들을 제거해야 해요. 단, 이제 겨우 꽃 필 준비를 하고 있는 새순을 건드리지 않도록 세심하게 작업해야 해요.

플로리분다 장미는 시든 꽃들을 모두 제거해야 해요.

꽃이 큰 품종은 두 번째 잎 바로 위에서 줄기를 잘라요.

병충해를 예방해요

장미의 어린 새순과 꽃봉오리의 수액을 빨아먹기 위해 진딧물이 장미를 뒤덮는 경우를 자주 볼 수 있어요. 정원에 무당벌레가 많으면 무당벌레가 진딧물을 잡아먹어요. 그런 경우가 아니라면 무당벌레 애벌레를 정원에 두는 것이 좋아요. 그리고 간혹 장미 잎사귀 아랫면에 흰색가루가 피면서 잎에 검거나 붉은 반점이 생길 때도 있어요. 장미가 병들었다는 신호예요. 이런 병충해를 예방하기 위해 장미가 성장하는 동안 3~4주에 한 번씩 '장미용' 약제를 뿌려요.

장미에 오이듐균(흰색 가루 곰팡이-역주)이 피었어요. 치료하기에 너무 늦었어요.

무당벌레는 진딧물을 잡아먹으며 장미를 보호해준답니다.

갖가지 형태의 장미들

장미꽃에는 다양한 품종이 있어요. 그리고 그 꽃이 피어나는 장미 역시 갖가지 형태를 뽐낸답니다!

미니장미는 작게 키울 수 있어요. 정원에 수줍게 피어 있는 장미를 화분에 옮겨 심어 집안에 둔다면 집안이 한층 더 화사해질 거예요.

새로운 품종을 찾아서

원예사들은 품종을 선별하고 교배하며 야생 장미를 바탕으로 다른 아름다운 장미들을 성공적으로 탄생시켰죠. 원예사들은 새로운 품종을 개발하기 위해 중국, 인도, 중동으로 야생 장미를 찾으러 떠났어요. 오늘날 우리가 수천 종의 다양한 장미들을 볼 수 있는 것은 다 그 덕분이랍니다. 장미를 재배하는 원예사들은 매년 새로운 품종을 선보이고 있어요. 장미를 되는대로 선택하지 마세요. 카탈로그를 천천히 살펴보고 정말로 마음에 드는 장미를 골라보세요.

덩굴장미 줄기를 지지대로 고정해 위쪽으로 뻗어나가게 했어요. 덩굴장미는 찔레꽃 나무와 장미를 접붙이기해서 만든 품종이랍니다.

덩굴장미 가지는 엄청나게 길게 자라기 때문에 지지대를 설치해야 해요. 덩굴장미는 집 벽면을 무척 예쁘게 꾸며주죠.

찔레꽃 나무는 흔히 볼 수 있어요. 줄기들이 밑동에서 바로 나오기 때문에 원줄기가 형성되지 않아요. 가지는 자르지 않으면 2m까지 자란답니다.

덤불장미 줄기 역시 밑동에서 바로 나오며, 줄기는 60cm에서 1m까지 자란답니다.

여름 꽃, 일년생 화초

일년생 화초는 싹을 틔우고 꽃을 피우고 씨를 맺는 한 살이가 일 년 안에 이루어지는 화초를 말해요. 일년생 화초라는 이름을 갖게 된 것은 바로 그 때문이죠. 봄에는 꼭 일년생 화초를 심어요.

일년생 화초는 여름 정원을 다채로운 빛깔로 수놓아요. 노란색을 좋아한다면 노란색을 강조해 정원을 꾸며 보는 것은 어떨까요?

유혹에 넘어가지 마세요

3월이나 4월이 되면 원예매장에 가서 봄에 나온 갖가지 화초들을 구경하거나 구입하고 싶어져요. 하지만 이 시기에 화초를 사는 것은 두 가지 이유 때문에 그다지 권장하지 않아요. 우선 그 시기에 나오는 화초들은 페튜니아, 베고니아, 메리골드 등 너무나 평범하기 때문이에요. 그런 화초들로 정원을 특별하게 만들기는 어렵죠. 또 그런 화초들은 온실에서 바로 출하된 것들이기 때문에 정원에 심기에는 너무 연약해요.

세일하는 식물에 속지마세요!

세일하는 식물들은 대개 매장에 오래 머물러 있던 식물들이라 너무 크고 무르며 연약하죠. 몇몇 잎사귀는 이미 누렇게 변했을 거고요. 가격이 저렴하다 해도 이런 식물들은 구입하지 않는 것이 좋아요. 건강하게 잘 자랄 가능성이 거의 없으니까요.

스스로 파종해요

직접 나만의 꽃을 가꾼다면 정말로 뿌듯할 거예요. 정해놓은 장소에 일년생 화초를 파종해요. 민달팽이를 조심하고 화초보다 빨리 자라는 잡초를 뽑아주는 것도 잊지 말고요. 새싹이 충분히 자라면 10~20cm 간격으로 한 줄기씩만 남겨두고 솎아내기해요.

씨앗을 한 번 더!

물을 잘 주고 틈틈이 시든 꽃들만 제거해준다면 끈기 있고 너그러운 일년생 화초는 추위가 오기 전까지 계속 꽃이 핀답니다. 하지만 어떤 일년생 화초들은 다른 화초들보다 더 빨리 시들어요. 그래서 6월에 한 번 더 파종해요. 빠르게 성장한 화초들이 시든 화초들 자리를 대신할 거예요. 그리고 여름이 끝날 때까지 예쁜 꽃들을 보여줘요.

코스모스는 금방 시들지만 파종을 두 번 해주면 여름 동안 정원에서 코스모스를 볼 수 있어요!

키우기 쉽고 화려한 일년생 화초들은 정원사의 자랑거리죠.

금영화는 아메리카 대륙에 야생으로 퍼진 양귀비꽃의 일종이에요. 땅에 떨어진 금영화 씨앗은 10월부터 혹은 이듬해 봄에 싹을 틔워요.

루드베키아는 영양분이 많은 땅에서 건강하게 잘 자라요. 노란색, 갈색, 또는 주황색 꽃이 풍성하게 피고 오랫동안 시들지도 않아요.

반짝이는 푸른색 **로벨리아**는 가장자리에 심기에 아주 좋은 꽃이에요. 로벨리아와 비슷한 교배 품종은 줄기가 아래로 늘어지기 때문에 베란다 화단에서 키우면 좋아요.

정원에 붉은색을 더하고 싶다면 **샐비어**(사루비아)를 심어요. 샐비어는 7월부터 꽃이 피지만 9월이 되어야 강렬한 붉은색 꽃들이 화단을 수놓는답니다.

스위트피는 무리지어 피어요. 줄기가 길게 뻗어나가기 때문에 지지대에 고정시키지 않으면 줄기가 휘청거려요. 스위트피는 향이 좋으니 꽃에 코를 가까이 대고 향기를 맡아보세요!

큰 꽃이 피는 **라바테라**는 자리를 많이 차지해요. 무궁화를 닮았지요. 흰색, 분홍색, 또는 진한 분홍색 꽃들이 대규모로 무리지어 피어난답니다.

두해살이 화초를 심어요

싹을 틔우고 꽃을 피우고 씨를 맺는 한살이가 두 해에 걸쳐 이루어지는 화초를 두해살이 화초라고 해요. 두해살이 화초는 땅에서 겨울을 나요. 꽃은 무척 일찍 피지만 그만큼 빨리 죽는답니다. 두해살이 화초라고 해서 두 해 연속 꽃이 필거라고 기대하지는 마세요.

어떤 꽃들은 다른 꽃들보다 더 빨리 시들어요. 하지만 괜찮아요. 며칠 내에 다른 꽃들을 심으면 되니까요.

꼼꼼하게 계획해요

6월부터 두해살이 화초를 파종하고 포트에 모종을 심을 수 있어요. 가을이 되면 모종을 정해놓은 자리에 심어요. 뿌리가 자라면서 모종이 건강해질 거예요. 그리고 이듬해 봄이 되면 어떤 화초들은 꽃 필 준비를 할 거예요. 또 어떤 화초들은 여름에 꽃이 필 거고요. 봄이 되면 원예매장에서는 모종포트에서 키운 두해살이 화초를 판매해요. 하지만 정원에 옮겨 심었을 때 다시 뿌리를 내리기 어려울 수 있어요. 따라서 모종포트에 있는 화초를 구입해야 한다면, 가을에 구입해 곧바로 땅에 심는 것이 좋아요.

식물들을 조화롭게 배치해요.

182

과감하게 섞어요!

꽃 품종과 색깔을
다양하게 섞으면 보다
아름다운 화단을 만들
수 있어요. 단, 꽃들의
형태, 크기, 색조가 조화를
이루어야겠죠. 이를테면
팬지는 데이지, 프리뮬라,
물망초와 잘 어울려요.
화초들의 자리배치는
아름다운 화단을
만드는 데 가장 중요한
요소랍니다.

단색 또는 이중색 프리뮬라는 정원을 알록달록하게 만들어요.

겨울에 팬지를?

12월부터 원예매장과 꽃집에서는 팬지나 프리뮬라같이
알록달록한 작은 초화들을 선보인답니다. 하지만 온실에서
'인위적'으로 키운 이런 초화들은 제철이 아닌 때에 꽃을 피운
것이랍니다. 사실 기후가 대체로 온화한 지역에서도 단지
몇몇 초화들만이 겨울에 꽃을 피울 수 있어요. 게다가 보다
추운 지방에서는 초화들이 모두 여름에 꽃을 피우죠.

팬지꽃을 감상하려면 인내심이 조금 필요해요.

인기 많은 데이지

데이지는 유럽 잔디밭에서 자라는
야생화의 후손이라 할 수 있어요.
품종이 개량되었지만 로제트
식물(뿌리에서 바로 나온 잎이 바닥에
붙어 넓게 동심원을 그리며 자라는
식물류-역주)과 생김새가 무척
비슷하죠. '무더기'로 피는 품종들도
있고 색도 무척 다양하답니다.

커다란 꽃이 피는 **캄파눌라**는 기다란 줄기 위에 작고 예쁜 종모양 꽃이 무리지어 피어요. 캄파눌라 줄기는 80cm까지 자라요.

디기탈리스는 햇볕에서 잘 자라지만 반그늘에서도 잘 자라는 편이에요. 씨앗을 통해 자연적으로 번식해요. 하지만 야생 상태에서는 씨앗을 맺었던 꽃과 같은 색깔 꽃이 피지 않을 수도 있답니다.

카네이션은 흔한 꽃이지만 언제나 사랑받는 아름다운 꽃이죠. 카네이션 줄기는 곧고 단단해요. 꽃에서는 향기가 나고요. 꺾꽂이로 쉽게 번식할 수 있어요.

접시꽃은 무척 크게 자라요. 환경이 맞으면 3m 혹은 그 이상까지도 자란답니다. 그래서 접시꽃은 적절한 장소를 잘 골라 심어야 해요.

다양한 색깔 **에리시멈**은 긴 꽃대에 여러 개 꽃이 이삭모양으로 붙어있답니다. 이 꽃은 습기를 싫어해요.

물망초는 야생종과 재배종이 크게 다르지 않아요. 독특한 푸른색 꽃이 피고 키우기도 쉽기 때문에 정원 오솔길 둘레나 화단에나 빠지지 않고 등장한답니다.

다년생 화초는 여러 해 동안 정원을 빛내요.

생명력이 강한 다년생 화초

다년생 화초들은 옮겨 심지 않아도 여러 해 동안 연속으로 꽃을 피워요. 그래서 다년생이라는 이름이 붙었죠. 다년생 화초는 정원에서 가장 강한 생명력을 자랑한답니다.

다년생 화초의 엄청난 장점!

다년생 화초는 형태와 색깔이 다양해요. 4~5주 정도 꽃이 피는 다년생 화초 개화시기를 고려해 다년생 화초를 심는다면 봄부터 가을까지 정원에서 꽃을 볼 수 있을 거예요. 지중해가 원산지인 다년생 화초는 생명력이 무척 강하기는 하지만 추운 지방에서는 잘 자라지 못하니 자신이 살고 있는 지역에 맞는 화초를 심어요.

사계절 내내

대다수 다년생 화초의 줄기는 가을에 죽지만 뿌리는 땅 속에서 겨울잠을 잔답니다. 그래서 봄이 되면 새로운 줄기가 다시 돋아나죠. 추위에 약한 다년생 화초들도 있으니 여러분이 구입한 화초가 살고 있는 지역의 기후와 맞는지 미리 알아보세요. 겨울에는 다년생 화초 밑동을 보호해야 해요. 볏짚이나 낙엽, 또는 흙을 도톰하게 덮어 보온하면 충분해요.

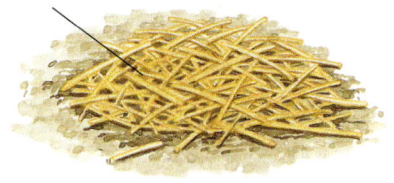

다년생 화초는 가을에도 꽃이 피고 씨앗을 맺기도 한답니다

겨울에는 밑동을 잘 덮어 보호해요.

봄에는 다시 꽃이 피어요!

포기 나누기를 해요

3~4년이 지나면 화초가 자리를 너무 많이
차지하지 않도록 포기나누기를 해요. 화초
줄기도 늙기 때문에 포기 나누기를 해서 다른
곳에 심으면 뿌리를 더 건강하게 내리고 꽃도
아름답게 필 수 있답니다. 포기 나누기를
할 때는 뿌리 전체를 뽑아 칼로 뿌리 주변
잔털과 흙을 제거해요. 이 작업은 겨울이 끝날
때 하면 좋아요.

정원에 있는 다년생 화초들 중 몇몇은 야생에서도 흔히
볼 수 있어요. 긴 꽃대 둘레에 여러 개의 노란색 또는
분홍색 꽃이 이삭 모양으로 피는 우단담배풀이 그렇죠.
우단담배풀은 잎에 솜털이 나 있어 추위를 견딜 수 있고
혼자서도 씨앗을 퍼트릴 수 있답니다.

추명국은 그늘을 좋아해요. 8월 중순부터 추위가 오기 전까지 긴 줄기(80cm)에서 분홍색 또는 흰색의 아름다운 꽃이 쉬지 않고 피어나요. 추명국은 가만히 두면 스스로 씨앗을 퍼트려요.

하늘거리는 예쁜 꽃잎을 뽐내는 **꿩 다리**는 솜털 같은 분홍색 또는 노란색 꽃이 피어요. 꿩 다리는 다른 꽃들과는 다르게 습기를 좋아하고 반그늘도 좋아해요.

노란색 또는 붉은색 작은 **뱀무꽃**은 봄부터 만발하기 시작해 착하게도 여름에 한 번 더 꽃이 핀답니다. 뱀무꽃은 추위도 잘 견딜 수 있어요.

매발톱꽃은 단색 또는 이중색으로 꽃이 피어나요. 우아하고 가녀린 매발톱꽃은 무리지어 심어야 예쁘기 때문에 2~3그루를 함께 심으면 좋아요.

188

델피늄은 가장 아름다운 다년생 화초 중 하나예요. 델피늄은 흰색, 푸른색, 분홍색까지 무척 다양한 색들을 뿜낸답니다. 연속으로 2~3회 꽃이 피어요(따뜻한 지역에서). 키가 1m 정도로 자라면 지지대를 세워야 해요.

푸른색 **아마꽃**은 6월에서 8월까지 하늘거리는 줄기에서 꽃이 핀답니다. 꺾꽂이를 수월하게 할 수 있기 때문에 4월에 화분에 꺾꽂이를 해 10월에 정원에 옮겨 심으면 좋아요. 단, 2~3년이 지나면 뽑고 다시 심어요.

아주 자잘한 흰색 꽃들이 무리지어 피는 **오브리에타**는 봄에 일찍 꽃이 피어요. 오브리에타는 주로 정원 오솔길 둘레에 많이 심는답니다.

덩굴 식물을 심어요

근사하고 화려한 덩굴 식물들을 심어서 정원을 '정글'로 만들어요.

달라붙는 식물들

대부분 덩굴 식물은 줄기가 유연하기 때문에 자신들이 발견한 모든 곳에 달라붙어 아주 높은 곳에서도 꽃을 피울 수 있답니다. 정원사에게는 정말 고마운 식물이죠. 땅에서 키운 덩굴 식물은 위로 뻗어나가며 정원에 수직적인 느낌을 더해준답니다.

등나무꽃이 만발하면 마치 연보라색 폭포가 쏟아지는 것처럼 보일 거예요. 그리고 정원에는 등나무 꽃향기가 감미롭게 퍼져나갈 거예요.

덩굴손과 부착근

정원 덩굴 식물은 정원사가 유도해준 방향에 달라붙어 자라요. 등나무는 말뚝이나 고사한 나무 등 지지대를 휘감으면서 자라고요. 클레마티스도 마찬가지로 줄기 덩굴손이 철망이나 철사에 고정되어 줄기를 뻗어나가요. 아이비와 덩굴 수국은 땅 위에 노출된 뿌리가 벽이나 나무껍질에 달라붙어 자라고요. 또 개머루는 부착근이 있어 지지대에 단단하게 붙어서 자란답니다.

빨판

덩굴손

능소화는 12m까지 기어 올라갈 수 있고 어떤 지지대에든 단단하게 달라붙을 수 있어요.

가짜 덩굴 식물

덩굴장미는 덩굴 식물처럼 보이지만 본래 덩굴 식물이 아니에요. 줄기가 비교적 유연하기 때문에 줄기를 일으켜 벽에 고정시키고 덩굴 식물처럼 다룰 수 있는 것뿐이죠. 그러니 원예매장에서 '덩굴장미'를 발견하더라도 기어 올라갈 수 있는 덩굴 식물이라고 생각하면 안 돼요.

멀리까지 뻗어나가는 꽃들

덩굴 식물의 유연한 가지는 무척 빨리 자라고 멀리까지 뻗어나가요. 매년 2m, 그리고 그 이상까지 뻗어나가는 경우가 드물지 않아요. 이것이 바로 덩굴 식물 장점이에요. 땅 면적을 크게 차지하지 않으면서도 잎과 꽃을 아주 풍성하게 보여주니까요. 하지만 뿌리는 영양분을 많이 흡수하기 때문에 영양분을 자주 공급해야 해요. 그리고 정원사는 관목과 나무의 색깔과 형태에 어우러지도록 덩굴 식물이 뻗어나가는 방향을 유도해야 해요. 아니면 벽 전체를 뒤덮게 유도하는 것도 좋을 거예요.

담쟁이 덩굴은 벽, 울타리, 나무 기둥, 또는 바위를 타고 자라기 때문에 집이 식물로 뒤덮인 것처럼 보일 수 있답니다.

클레마티스를 알아볼까요?

클레마티스는 밑동은 그늘에, 머리는 햇볕에 두는 것을 가장 좋아해요. '야크마니Jackmanii'를 포함한 대다수의 품종은 여름에 꽃이 피어요. 하지만 몇몇 품종은 봄에 꽃이 피고 때로 1년에 두 번 꽃이 피기도 한답니다.

구근 식물

양파와 비슷하게 생긴 구근을 누군가에게 얻거나 구입한 적이 있을 거예요. 제때에 땅에 심으면 잎이 돋고 꽃이 피어요. 정말 놀라운 일이죠!

구근은 어디에서 왔을까요?

구근 식물은 흔하게 볼 수 있어요. 알뿌리는 구근의 다른 말로 이 표현 역시 널리 쓰이고 있죠. 튤립 알뿌리라는 말을 언젠가 들어 본 적이 있을 거예요. 정원에서 재배하는 대부분 구근은 지난 몇 세기 동안 식물학자들이 전 세계를 돌며 들여온 것들이에요. 실제로 튤립은 중동사막, 중앙아시아, 히말라야 기슭에 야생상태로 서식하고 있답니다.

정원 오솔길 둘레에 풍성하고 다양하게 구근 식물을 심으면 무척 아름다울 거예요.

영양분을 비축하는 구근 식물

구근식물은 알뿌리에 영양분을 비축해 놓고 있어요. 구근 식물은 추위나 더위 때문에 바깥에서 사는 것이 힘들 수도 있다는 사실을 '알고 있어요.' 그리고 혹독한 계절이 지나면 다시 잎과 꽃을 피우며 살아나고 싶어 하죠. 그래서 구근 식물은 곰이나 마르모트처럼 '겨울잠'을 잔답니다. 모든 에너지를 땅 속에 있는 구근에 집중시켜 겨울을 나는 것이죠.

구근은 생기가 없어 보이지만 거기에서 이 크로커스처럼 무척 아름다운 꽃이 피어난답니다.

구근이 형성되고 있어요

구근 식물은 뿌리를 통해서도 영양분을 빨아들이지만 구근에 저장해둔 영양분을 사용하기도 한답니다. 꽃이 피면 새로운 구근이 형성되고 꽃과 잎은 구근에게 영양분을 전달하죠. 그리고 꽃은 지지만 잎은 그대로 초록색을 유지합니다. 그 덕분에 구근은 계속 커질 수 있죠. 구근이 충분히 커지면 잎은 누렇게 변해요. 따라서 꽃이 지고 나서도 구근 식물 잎이 초록색이라면 구근을 건드리지 마세요. 구근은 처음 심어놓은 그 자리에서 가을을 기다릴 수 있답니다.

구근 식물의 한살이

구근 해부하기

히아신스 구근을 구해서 반으로 잘라요. 구근 가운데에 있는 꽃눈을 볼 수 있을 거예요. 꽃눈은 두 개 잎에 둘러싸여 있어요. 왼쪽에 있는 잎은 오른쪽에 있는 잎보다 더 크고 이미 위쪽으로 삐죽 올라와 있죠. 또 아직 구근 안에 자리 잡고 있는 '영양분을 저장하고 있는 조직'이 네 겹으로 꽃눈을 둘러싸고 있죠. 바싹 마른 구근 껍질은 생명이 자라고 있는 구근 안쪽을 보호해요. 그리고 맨 아래쪽에 있는 둥글고 단단한 부분에서는 물을 흡수하는 뿌리가 나온답니다.

잘 드는 칼로 구근을 반으로 잘라요.

잎

꽃눈

돋아나고 있는 구근

뿌리가 나올 부분

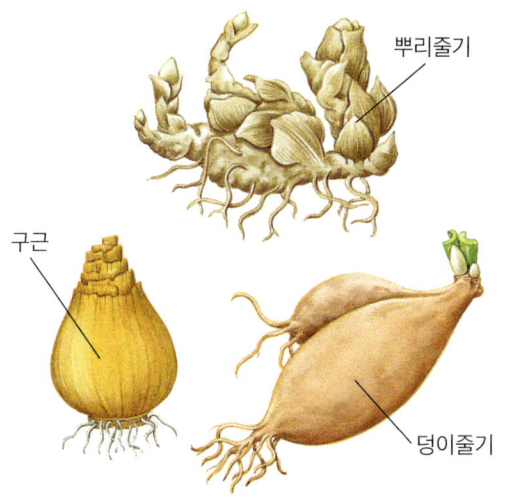

뿌리줄기

구근

덩이줄기

구근과 덩이줄기

어떤 식물들은 구근에 영양분을 저장해요. 또 어떤 식물들은 크고 뚱뚱한 줄기에 영양분을 저장하고요. 이를테면 튤립, 히아신스, 수선화, 크로커스는 동그랗고 예쁜 구근에 영양분을 저장해요. 아네모네, 달리아, 왕원추리는 뚱뚱한 덩이줄기에 영양분을 저장하고요. 또 아이리스는 울퉁불퉁 괴상하게 생긴 뿌리줄기에 영양분을 저장하죠. 이렇게 못생긴 뿌리에서 그렇게 아름다운 꽃이 피어나다니, 얼마나 다행인지 모르겠어요.

구근의 힘을 확인해요

히아신스나 수선화 구근이 있다면 겨울에도 쉽게 꽃을 피울 수 있어요. 뿌리가 물을 흡수해 성장할 수 있도록 물을 주기만 하면 돼요. 하지만 물은 구근에 영양분을 공급하지는 않아요. 싹을 틔우고 꽃을 피우는 힘은 구근에 저장되어 있는 영양분에서 나와요. 어떻게 아냐고요? 구근에서 핀 꽃이 지고 난 다음 구근을 손으로 눌러보세요. 속이 비고 말라있을 거예요. 물을 공급하지 않고 구근 힘을 확인할 수 있는 또 다른 방법이 있어요. 콜치컴 구근이 꽃을 피우는 가을에 구근을 햇볕에 내놓아보세요. 땅이나 물에 심지 않아도 저장하고 있는 영양분으로 꽃을 피운답니다. 그다음에는 죽어버리지만요.

아네모네는 무척 서둘러 피어요. 날씨가 따뜻하면 때로 겨울에도 꽃이 피어요. 시든 꽃을 제거하면 오랫동안 다시 꽃이 피어요. 아네모네 구근은 새로 형성되지는 않지만 해를 거듭할수록 커진답니다.

에레무루스는 5월이 되면 샛노란색, 하얀색, 또는 분홍색 꽃들이 옹기종기모여 커다란 다발 모양으로 피어나요. 본래 스텝지역에 서식하는 에레무루스는 습하지 않게만 해주면 수월하게 키울 수 있어요.

노란수선화는 정원에서 제일 먼저 피는 봄꽃이에요. 수선화는 홀로 있는 것을 좋아하지 않아요. 그러니 적어도 5줄기씩 무리지어 심어요.

붉은색 또는 분홍색 꽃이
피는 **물범부채**는 20여 개
줄기를 무리지어 심어요.
가을 막바지에 피어나는
꽃은 작은 글라디올러스처럼
보이기도 해요. 물범부채는
햇볕을 좋아하고 습기가
많은 흙에서 잘 자라요.

인도문주란은 자리를 많이 차지해요. 아름다운 잎들이 옆으로
퍼지기 때문이에요. 구근을 25cm 깊이로 심고 겨울 동안 보온을
해요. 봄이 되면 마른 잎들은 제거해요.

알리움은 1m 높이의 줄기 끝에 둥그런 공 모양 꽃이
핀답니다. 4~5개 꽃들이 서로 가까이 붙어있어요. 알리움은
햇볕이 드는 곳에 15cm 깊이로 심어요.

수많은 품종의 달리아

달리아는 크기, 형태, 색깔이 수도 없이 다양한 꽃이랍니다. 하지만 크기에 상관없이
모든 달리아는 생명력이 강하답니다!

꽃을 계속 보려면

아름다운 꽃을 보면 눈이 즐겁고
행복해져요. 하지만 꽃은 우리를 즐겁게
하려고 피는 것이 아니에요. 꽃이 피는
이유는 오직 번식 때문이죠. 꽃은 수술
꽃가루를 암술에 옮겨주는 꿀벌을 유혹해
가루받이를 하고 씨앗을 맺고 그렇게
자손을 번식해요. 그런데 우리는 꽃을 더
오래 보고 싶어 해요. 그럼 꽃이 씨앗을
맺지 못하게 하세요. 꽃이 시들 때마다
꽃을 제거해 주면 씨앗을 맺지 못하고
계속해서 꽃을 피울 거예요.

둥글게 말린 뾰족한 꽃잎들이 달린 캑터스형 달리아는 꽃
중심부로 갈수록 색이 밝아져요.

달리아를 보살펴요

4월에 달리아를 심어요. 무척 빨리
성장하지만 꽃샘추위를 조심해요.
신문지로 모자를 만들어 덮으면
충분히 보온이 될 거예요. 9월에는
병충해(오이듐균)를 예방하기 위해
보르도액을 두 차례 뿌려요. 추위가
물러가면 남아 있는 줄기들을
자르고 조심스럽게 뿌리를 뽑아요.
그런 다음 달리아를 작은 상자에
넣고 촉촉하게 젖은 키친타월을
두겹 덮은 다음 실내의 서늘한 곳에
보관해요.

폼폰형 달리아는 꽃이 동그랗게 피기 때문에 꼭 벌집처럼 보여요.

독특한 달리아!

정원에서 키우는 달리아는 멕시코가 원산지이기는 하지만 이제 그 조상들과는 조금도 닮은 점이 없답니다. 오늘날 우리가 볼 수 있는 달리아는 선별해서 교배한 품종들로 놀라울 만큼 다양한 품종들이 있죠. 이를테면 '황제 달리아dahlia imperialis'는 나무 형태를 한 품종으로 키가 6m까지 자라요. 잎사귀 또한 무척 커서(7 × 5cm) 관상용으로 손색 없죠. 수백 개 꽃봉오리가 한꺼번에 터져 꽃이 피기 때문에 연보라색과 분홍색이 오묘하게 섞인 꽃이 무리지어 핀 모습은 그야말로 장관이랍니다.

생명력이 강한 달리아는 우아하고 오묘한 색깔을 뽐내요.

머리칼처럼 헝크러진 캑터스형 달리아 꽃잎은 끄트머리가 갈라져있어요.

홑꽃형 달리아는 소박한 꽃들이 풍성하게 피지는 않지만 5월에서 10월까지 오래도록 꽃이 핀다는 장점이 있어요.

너그러운 아이리스

아이리스는 초보 정원사도 베테랑 정원사도 수월하게 키울 수 있는 꽃이랍니다. 괴상하게 생긴 뿌리줄기를 땅에 심으면서 과연 좋은 결과를 얻을 수 있을지 의심스럽겠지만 아이리스는 봄이 되면 가장 싱싱하고 아름답게 꽃을 피우며 우리를 놀라게 할 거랍니다.

적절한 장소에 심어요

아이리스는 햇볕을 아주 좋아하고 습기가 과한 것을 싫어해요. 그래서 비가 많이 오는 지역에서는 이랑을 두둑이 쌓아 아이리스를 심는 것이 좋아요. 아이리스는 한 여름에 영양분이 풍부하고 부드러운 땅에 뿌리줄기 윗부분이 아주 조금만 드러나게 심어야 해요. 이때 뿌리줄기 윗부분이 남쪽을 향하게 심어주면 꽃이 더 잘 핀답니다.

기다란 초록색 꽃대 끝에 우아한 아이리스 꽃이 고고하게 피어 있어요.

적갈색 저먼 아이리스는 밝은색 꽃잎이 수염처럼 아래로 늘어져 있어요.

색들의 향연

뿌리줄기는 한 해 동안 영양분을 차곡차곡 모아놓는답니다. 그 영양분으로 자란 줄기는 그만큼 곧고 튼튼하죠. 그리고 그 줄기 끝에서 우아한 색, 강렬한 색, 엷은 색, 화려한 색, 소박한 색에 이르기까지 무척이나 다양한 색깔의 꽃들이 잇달아 피어난답니다.

오래 볼 수 있는 아이리스!

아이리스가 한 자리에서 4~5년 동안
꽃을 피웠다면 뿌리나누기를 해요.
7월에 땅 속에서 뿌리줄기 덩어리를
들어내요(뿌리가 조금 상해도 어쩔
수 없어요). 가장 자리에 돌아 있는
가장 건강한 새순들을 남겨두고
뿌리나누기를 한 후 하나씩 심어요.
잡초가 나오기 시작하면 잡초를
제거하고 민달팽이도 잡아요. 날씨가
습할 때는 보르도액을 뿌려요. 그리고
5월에는 비가 와서 땅 위로 드러난
뿌리줄기에 배토를 해요. 부식토나
흙을 섞은 비료를 밑동에 조금
뿌리면 된답니다.

건강한 새순을 남겨요.

잎을 잘라요.

두 가지 색깔이 섞인 아이리스 '에디트 월포드'의
꽃잎은 우아한 프릴 같아요.

분홍빛이 도는 살구색 '러블리 글로우'는 오렌지색 꽃잎이 수염처럼
아래로 늘어져 있어요.

흰색 백합과 구분하기 위해
색깔이 있는 백합은 나리라고
불러요.

화려한 백합들

정원에서는 백합을 모른 척 지나칠 수 없어요.
줄기 꼭대기에 달린 꽃봉오리가 화려하게
피어나며 진하고 감미로운 향기를 내뿜기
때문이죠.

무리지어 심어요

백합은 추운 지방에서는 햇볕이 잘 드는 곳에
심고 따뜻한 지방에서는 반양지에 심어야 해요.
어떤 경우든 배수성과 통기성이 좋은 땅에 심어야
하고요. 백합은 무리지어 있을 때 잘 자라고
아름다워 보이기 때문에 처음에 심을 때는
3~5줄기씩 모아서 심어요. 백합은 빠른 속도로
퍼져나가니 4년 후에는 줄기를 솎아요.

백합을 번식시켜요

곁눈 파종하기, 비늘줄기 심기, 포기나누기로 쉽고도
재미있게 백합을 번식시킬 수 있어요.

1. 백합 잎 아래쪽을 보면 씨앗처럼 생긴 곁눈이
있답니다. 꽃이 지고 난 후에 이 곁눈들을 채취해요.
곧바로 잎에 붙어 있던 방향과 같은 방향으로
부식토에 심어요. 주기적으로 물을 주세요. 1년이
지나 정해 놓은 자리에 옮겨 심으면 이듬해 여름에는
꽃이 필거예요.

2. 백합의 비늘줄기에는 비늘 같은 껍질이 뒤덮여
있어요. 이 비늘을 여러 개 채취해서 뾰족한 부분이
위로 오게 해 배양토에
심어요. 따뜻한 곳에 두고
물을 주며 기다려요.
심어놓은 비늘이 새로운
구근을 만들고 3년이
지나면 꽃이 필 거예요.

3. 심은 지 3~4년이 지난 백합들을 11월에
조심스럽게 뽑아요. 뿌리
나누기를 한 후 곧바로
15cm 간격으로 심어요.

연약한 백합

백합 구근을 심으려면 50cm 깊이로 구덩이를 파요. 부식토와 자갈을 섞어 구멍을 반쯤 채우고 나머지 반은 정원의 흙으로 채워요. 11월~3월에 15cm 깊이로 구근을 심어요. 겉보기에는 강해 보이지만 백합은 무척 연약한 꽃이랍니다. 병충해에 취약하니 예방을 잘 해줘야 해요(특히 누에·포도 따위에 해를 입히는 보트리티스균). 민달팽이는 백합 어린순을 공격하고 빨간색 아스파라거스 잎벌레 유충은 잎과 꽃을 먹어치우니 눈에 띄는 대로 잡아줘야 해요.

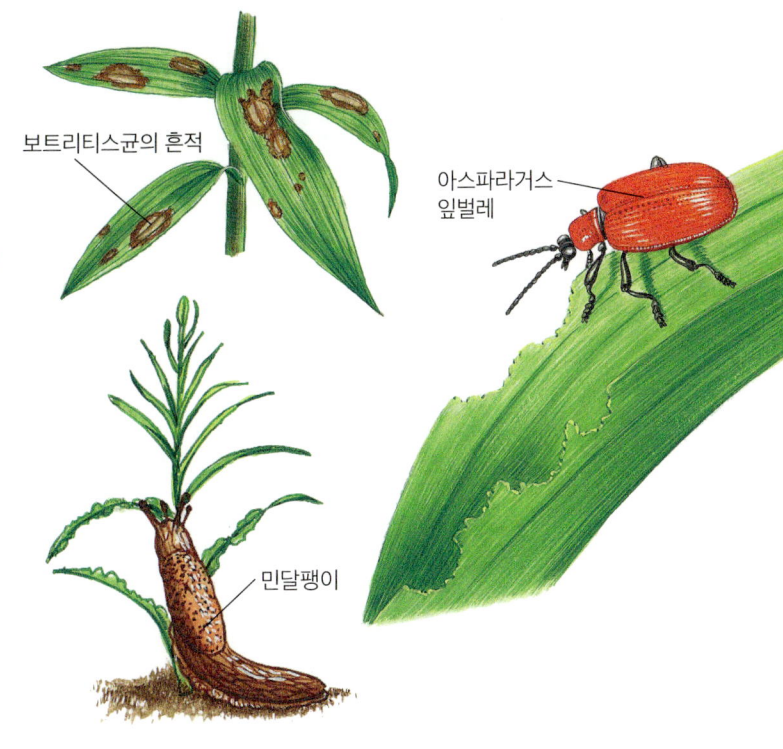

보트리티스균의 흔적

아스파라거스 잎벌레

민달팽이

피레네 백합은 피레네 지방에서 볼 수 있지만 몽타뉴 누아르(프랑스 마시프 상트랄-프랑스 중앙산지 남서쪽 극단에 위치한 산악지역-역주)에서도 볼 수 있답니다.

진짜일까 '가짜'일까?

자연에서 볼 수 있는 80여 종의 백합은 정원에서도 키울 수 있어요. 정원에서 볼 수 있는 수많은 품종은 인공 수분을 통해 개발된 품종이랍니다. 이런 품종을 잡종이라고 해요. 이를테면 '피레나이쿰*pyrenaicum*'은 자연종이에요. 반면 '테스타세움*testaceum*'은 백합 2종, 즉 마돈나 백합과 나리꽃을 교배한 잡종이죠.

참나리*tigrinum*는 향기가 무척 진해요.

수명이 긴 작약!

작약은 수 세기 전부터 중국에서
재배되었어요. 초목이나 관목의 형태인
작약은 생명력이 무척 강해요. 정원에
모든 꽃이 질 때도 마지막까지 남아있는
꽃이죠. 함박꽃이라고 부르기도 합니다.

넓은 흰색 꽃잎이 노란색 수술을
감싸고 있는 백작약이에요.

관리를 잘 해야 해요!

작약은 병충해에 약하니 예방을 잘 해주어야
해요. 친환경 살충제를 사용하면 좋아요.

강렬한 진홍색 작약과 엷은 홑꽃의 색이 잘 어울리네요.

수백 개 꽃들

작약은 관리만 잘해준다면
그것을 심은 정원사보다
더 오래 살 수 있답니다!
작약을 심고 2~3년만 지나면
꽃이 피기 시작하고 오래지
않아 눈부시게 아름다운
모습을 뽐낼 거예요. 어찌나
풍성하게 꽃이 피는지! 초본
작약의 줄기 한 부더기에서는
수 백 개의 꽃이 피어나고
목본 모란에서는 한 그루당
대략 300개 꽃이 피어나요.
봄에 만발하는 작약과
모란은 홑꽃과 겹꽃이 있고
색깔도 흰색, 붉은색, 갖가지
분홍색, 노란색까지 무척
다양하답니다.

적합한 장소에 심어요

작약을 심으려면 적합한 장소를 찾아야 해요. 양지든 반양지이든 상관없지만 습하지 않은 곳에 심어야 해요. 땅에는 모래, 퇴비나 비료를 섞어주세요. 특히 작약은 넉넉한 공간에 심어야 해요(최소 지름 1m).

홑꽃이든 완전겹꽃이든 반겹꽃이든 작약의 꽃모양은 언제나 둥근모양이랍니다.

성격이 급한 '두체스 모란'은 3~4월부터 꽃을 피워요.

초본과 관목

초본인 작약은 9월~11월에 심어요. 도톰한 뿌리순이 땅에 2~3cm 정도 덮이도록 심어요. 관목인 모란은 관목을 심는 방법과 동일하게 심어요. 뿌리가 땅 속에서 뻗어나갈 수 있도록 심어야 하고 접붙이기를 한 경우라면 접붙인 부분이 1~2cm 정도 땅에 묻히도록 심어야 해요.

오렌지색 홑꽃이 피는 모란 '오로라'의 수술은 황금빛을 띄고 있어요.

4~5월에는 다윈 튤립(네덜란드에서 개발된 다윈 하이브리드 품종) '골든 아펠던'이 황금빛 샛노란 꽃잎을 뽐내며 활짝 피어나요.

누구나 좋아하는 튤립

단색 튤립을 대량으로 무리지어 심어도 좋고, 3~5개 줄기를 한데 모아 색깔을 달리해 화단에 규칙적으로 심어도 좋고, 두 줄로 심어 곡선을 강조해줘도 좋아요. 어떻게 심던 튤립은 그 색깔과 형태로 정원을 아름답게 만들 테니까요.

추위를 타지 않는 튤립!

10~11월에 7~8cm 깊이로 땅에 구근을 묻어요. 구근은 이내 '성장'하기 시작할 거예요. 뿌리뿐만 아니라 일시적으로 성장을 멈춘 땅 위 줄기까지도 몇 mm 정도는 성장할 거예요. 그리고 2월부터 구근에서 초록색 새순이 삐죽 나오기 시작하면 그 어떤 것도 튤립 성장을 멈출 수 없답니다.

구근을 모래 위에 얹고 땅에 심었어요.

2월부터 튤립이 성장하기 시작해요.

전문가 구근

원예매장에서 구입해 심은 커다란 구근에서는 화려한 꽃이 피어요. 하지만 우리가 정원에서 키운 구근에서는 그만큼 예쁜 꽃이 피지 않을 거예요. 왜일까요? 원예사들은 식물의 모든 영양분이 구근에 집중될 수 있도록 그 전에 튤립 꽃봉오리를 제거했기 때문이에요. 그래서 이듬해에 아름다운 튤립이 피어난 것이고요. 이제 우리도 이런 전문가 비법을 따라해 보면 어떨까요?

이듬해를 위해

올해에 튤립이 아름답게 꽃을 피웠다면 이듬해에도 그만큼 아름다운 꽃을 보고 싶을 거예요. 그러면 꽃이 떨어질 때 꽃을 잘라야 해요. 단, 잎은 그냥 두세요. 성장하고 있는 어린 구근이 잎에서 영양분을 공급받기 때문이에요. 잎이 누렇게 되었다면 구근 속에서 꽃눈이 자라고 있다는 신호에요. 이때 구근을 땅에서 캐내요(그냥 둬도 상관없어요). 캐낸 구근을 여름 내 서늘하고 건조한 곳에 보관해요. 양파망이나 스타킹 안에 넣어서 걸어두어도 좋아요.

진분홍색 '마리에트'는 꽃잎 끝이 뾰족해 백합꽃처럼 보여요.

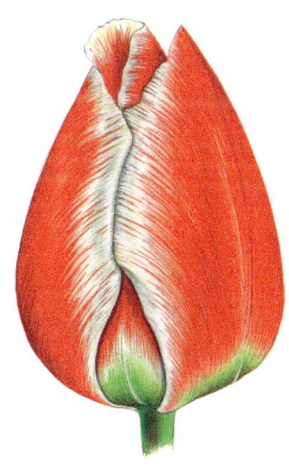

네덜란드에서 재배된 튤립은 세계에서 가장 인기가 많아요.

일찍감치 꽃이 피는 '오렌지 엠퍼러'는 눈부신 주홍빛으로 정원을 환하게 밝혀요.

느지막이 피는 국화

국화는 다른 꽃들이 모두 지고 없을 때도
마지막까지 남아 정원을 아름답게 빛내요. 국화는
그 형태와 색상이 다양해 정원사에게 있어 선택의
폭이 무척 넓은 꽃이랍니다.

중국과 일본이 원산지인 아름다운 국화는 재배하기도
수월해요.

쉬운 꺾꽂이

겨울이 되면 국화를 보호해야 해요.
가능하다면 비닐을 덮어요. 봄이 되면 새순이
돋아날 거예요. 새순이 10cm 크기로 자라면
가장 건강한 새순을 채취해요. 꺾꽂이용
부식토를 채운 포트에 심어요. 3주가 지나면
가지에서 뿌리가 내릴 거예요. 추위가 완전히
지나가면 햇볕이 잘 드는 곳에 옮겨 심어요.
줄기가 약한 국화는 지지대로 고정을 시켜
주어야 해요.

안쪽으로 휜 꽃잎과 아래로 늘어진
꽃잎이 함께 있는 겹꽃 국화예요.

폼폰 국화는 깜찍한
겹꽃이 예쁘게 다발로
피어나지만 정원에서는
그다지 눈에 띄지
않는답니다.

실국화는 실처럼 가는 꽃잎이 여러 줄 붙어있는 무척
하늘하늘한 꽃이랍니다.

꽃잎이 바깥쪽으로 늘어져 있어 머리칼이 헝크러진 것처럼
보이네요.

가장 큰 꽃봉오리

국화를 심고 2주가 지나면
원줄기의 윗부분을 순자르기
해요. 그래도 잎겨드랑이에서는
새순이 돋아나 또 다른 줄기가
나온답니다. 6~8개 줄기만을
남기고 나머지는 모두 잘라요.
줄기에 꽃봉오리들이 형성되면
각 줄기 끝에 형성된 가장 큰
꽃봉오리만을 남기고 나머지는
모두 제거해요.

작은 꽃봉오리를 제거해요.

줄기를 잘라요.

207

관목은 정원을 개성 있게 만들어요.
또 아름다운 울타리가 되기도 하죠.

꽃이 피는 관목

관목이 없는 정원은 밋밋하고 볼품없어 보여요. 언제라도 한 그루 또는 여러 그루 관목을 정원에 심어요. 관목은 신중하게 선택해야 해요. 정원에 심은 관목이 완전히 성장했을 때 주변 환경과 조화를 잘 이룰지를 반드시 생각해야 해요.

환경조건을 살펴봐요

관목은 한번 심고 나면 옮겨심기가 쉽지 않아요. 그래서 관목을 심을 자리를 선택하는 것이 무척 중요해요. 한 해 한 해 지날수록 관목은 점점 더 커질 거예요. 따라서 충분한 공간이 확보되는지를 확인해야 해요. 또 관목이 성장했을 때 햇볕을 듬뿍 받아야 하는 식물들에게 그늘을 드리울 가능성은 없는지도 확인해야 하고요. 그 밖에도 관목의 꽃이 무슨 색인지, 봄과 가을에 잎의 색이 변하는지, 가을에는 잎이 떨어지는지, 병충해와 추위에 취약한지 등 최종적으로 관목의 자리를 정하려면 정말로 많은 것들을 확인하고 검토해야 해요!

뿌리에 주의해요!

관목을 심을 때는 뿌리가 위쪽으로 휘어지지 않게 조심해요. 뿌리는 반드시 땅 속에 파묻혀야 해요. 실수를 하면 치명적인 결과가 발생할 수 있답니다.

일본조팝나무는 7~8월에 자그마한 진분홍색 꽃들이
평평한 형태로 옹기종기 모여 꽃이 피어요.
꽃잎이 시들 때마다 꽃을 제거하면 꽃을
오랫동안 볼 수 있어요.

단독으로 심는 관목

관목을 심기 한 달 전에 가로 80cm, 세로
80cm, 깊이 40cm로 구덩이를 파요. 흙에
퇴비, 두엄, 비료 100g을 섞어요. 배수성이
좋아지도록 파놓은 구덩이 밑바닥을
부서뜨려요.

목수국*Hydrangea Panniculata*(1~1.5m)은 7~8월에 흰색 꽃이
포도송이처럼 피어요. 그리고 꽃이 질 때쯤 되면 분홍색으로
변하죠. 목수국은 너무 더운 곳을 싫어해요.

특별한 관목

산성토에서만 잘 자라는 관목이 있어요. 땅에
석회질 성분이 많다면 관목을 심기 전에
땅을 파서 흙을 모두 들어내고 원예매장에서
판매하는 산성토를 채워요. 다른 식물들이
이미 자리를 잡고 있는 정원 한 가운데에
관목을 심는다면 관목의 뿌리나 관목이
심겨져 있는 포트의 크기만큼만 땅을 파줘도
충분해요. 관목을 심고 나면 흙을 덮고 물을
뿌려요. 관목이 정원에서 건강하게 잘 자라게
하려면 지속적으로 관리를 해줘야 한다는 것
잊지 말아요.

옆으로 뻗어 자라는 털설구화 마리에시*Viburnum plicatum mariesii*
(2~3m) 가지는 5월이 되면 눈부신 흰색 꽃으로 뒤덮여요.
가을이 되면 잎의 색깔이 보랏빛이 도는 붉은색으로 변해요.

꽃꽂이를 해봐요

집안에 꽃 몇 송이를 두기만 해도 집안이 화사해지는 걸 느낄 수 있어요! 직접 키운 꽃을 집안에 둘 수 있다면 더더욱 기쁠 거예요. 쉽게 할 수 있냐고요? 꼭 그렇지만은 않아요. 하지만 성공하기만 한다면 그 만족감은 정말로 클 거예요!

우아한 꽃꽂이, 전원풍 꽃꽂이, 아니면 사진에서 보듯 세련된 장미와 소박한 들꽃을 섞은 전문가 꽃꽂이까지, 다양한 스타일로 꽃꽂이를 할 수 있어요.

언제 꽃을 채취하나요?

꽃꽂이를 하기 위해 꽃을 채취해야 한다면 해가 뜨기 전 아침에 채취하는 것이 가장 좋아요. 꽃잎에 아직 이슬이 맺혀있을 때죠. 하지만 그렇게 하는 건 쉽지 않을 거예요. 그렇다면 꽃꽂이를 하기 전날 저녁에 채취해도 좋아요. 물을 가득 담은 양동이에 채취한 꽃을 꽂아놓고 밤 동안 바깥에 놔둬요. 그리고 다음날 그 꽃으로 꽃꽂이를 하면 된답니다.

이것만은 꼭 하세요

꽃을 꽃가위로 자르는 것만이 다가 아니에요! 꽃을 싱싱하게 유지하려면 다음과 같은 방식으로 꽃을 채취해요. 우선 양동이와 주둥이 부분을 잘라낸 플라스틱 생수통 두 개를 준비해요. 양동이에는 물을 2/3쯤 채우고 생수통에도 물을 부어요. 전지가위와 꽃가위를 이용해 원하는 길이로 꽃 줄기를 자르고 아래쪽에 붙어 있는 잎들은 제거해요. 채취한 꽃 줄기를 양동이에 채워놓은 물속에 집어넣고 물 속에서 1cm를 더 잘라준 다음, 생수통에 꽂아요. 계속 이런 식으로 작업을 이어나가면 돼요.

꽃을 채취할 때도 기술이 필요해요.

준비 작업

어떤 스타일로 꽃꽂이를 할 것인지 먼저 구상한 다음, 꽃을 채취해야 해요. 너무 활짝 핀 꽃도, 꽃봉오리가 너무 꽉 닫힌 꽃도 꽃꽂이를 하기에 적합하지 않아요. 식탁이나 정원에 자리를 잡고 꽃을 크기순으로 배열해요. 가운데에는 줄기가 곧은 꽃들을, 양옆에는 줄기가 휘어져 있는 꽃들을 배열해요(오른쪽으로 휘어진 꽃은 오른쪽에 놔주세요).

좋은 꽃병이란?

꽃꽂이에서 꽃병은 정말로 중요한 요소예요! 꽃병을 고를 때는 꽃병 지름과 깊이가 구상해 놓은 스타일에 적합한지를 고려해야 해요. 단순한 꽃병이라 해도 그 형태와 색깔이 꽃병이 놓일 장소와 조화를 이루어야 하고요. 마지막으로 한 가지 꿀팁을 말해요. 침봉이나 플라스틱 망을 이용하면 줄기를 원하는 방향으로 쉽게 고정시킬 수 있답니다.

꽃꽂이를 하기 위한 준비 작업은 혼자서 하던, 둘이서 하던 생각하면서 꼼꼼하게 해요.

여유를 갖고 꽃꽂이를 해요.

화병꽂이를 해봐요

모든 것이 준비되었어요. 꽃병에 가장 큰 꽃을 우선 꽂고 색깔과 형태가 조화를 이루도록 주변에 다른 꽃들을 꽂아요. 결과가 마음에 들지 않으면 망설이지 말고 다시 꽂아요. 줄기의 길이를 조절하거나 초록색 소재를 더 넣어 볼륨을 살리거나 잎사귀나 들꽃들을 더 섞으면 좋을 거예요.

꽃 두어 송이와 잎사귀 몇 개를 섞어 간단하게 꽂아두기만 해도 공간을 아름답게 만들기에는 충분하답니다.

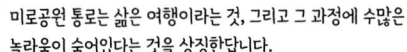
미로공원 통로는 삶은 여행이라는 것, 그리고 그 과정에 수많은
놀라움이 숨어있다는 것을 상징한답니다.

인간과 정원

평화의 안식처가 되고 먹거리
보고이며 인간과 자연의 조화를
보여주는 정원은 또한 인류 역사의
증인이자 사회상을 반영하는
거울이랍니다. 이제 우리도 그 일원이
된 정원사들은 오랜 시간 땅을 일구는
일이 얼마나 중요한지를 끊임없이
상기시키며 정원을 지켜왔답니다.

정원 역사

아주 먼 옛날 옛적에도 정원이 있었어요! 최초 도시가 형성되면서 정원 역사도 시작되었죠.
그리고 정원사들은 지금도 여전히 정원 역사에 새로운 페이지를 써나가고 있답니다.

권력자 정원

성경에 따르면 에덴동산은 인류 역사상 최초
정원이었어요. 하지만 인류 기억 속에 남아있는 가장
오래된 정원(우리가 그 흔적을 다시 찾을 수는 없었지만)은
고대 바빌로니아 제국의 바빌론 공중정원이랍니다.
네부카드네자르2세가 세웠다는 설도 있고 여왕
세미라미스가 세웠다는 설도 있죠. 이 정원은 권력자들의
부를 상징하는 최초 정원이라 할 수 있어요. 한편 루이
14세가 베르사유에 조성한 '프랑스식' 정원은 그 기능이
수천 년 동안 유지되었고 정점에 도달한 정원 예술을
보여주었죠.

세계의 불가사의

세계 7대 불가사의 중 하나로 꼽히는
바빌론 공중정원은 연속된 계단식 테라스
정원이었어요. 1층에는 플라타너스,
대추야자, 소나무, 삼나무를 심었고 2층에는
노간주나무, 사이프러스, 과일나무를
심었죠. 그리고 그 위의 두 층에서는 장미,
아네모네, 백합, 튤립, 아이리스가 앞 다투어
꽃을 피웠다고 해요.

치유하고 기도하고
노래하라

수도원 주변을 둘러싸고 있는
중세 정원은 명상의 장소이기도
했지만 실용적으로 사용하는
장소이기도 했어요. 정원에 그
당시 약재가 된 약초를 심기도
했고 먹거리를 얻기 위해
텃밭을 가꾸기도 했으니까요.
영주들은 이런 정원에서
아이디어를 얻어 자신들 성에
정원을 만들었어요. 그리고
사랑을 노래하는 시인과
음유시인들을 불러들여 유희
장소로 사용했죠.

프랑스 외레루아르Eure-et-Loir주의
부아 리슈Bois Richeux정원은
정사각형 텃밭과 약초밭을 조성해
중세시대 정원 느낌을 구현했어요.

호기심이 만들어 낸 정원

최초의 식물원은 호기심이 왕성했던 시기인 르네상스 시대에 탄생했어요. 과학적으로 분류해 놓은 온갖 식물들을 모아놓은 식물원은 대개 대학이 소유하고 있어요. 1593년에 문을 연 프랑스 최초 식물원인 몽펠리에 식물원도 대학이 소유하고 있죠.

1612년 조성된 뤽상부르 공원은 파리 시민들에게 휴식처를 제공하고 있답니다.

모두를 위한 정원

정원은 프랑스 혁명이 끝나고 나서야 시민들에게 개방되었어요. 그때서야 시민들은 귀족과 성직자 전유물이었던 정원의 아름다움을 느낄 수 있었죠. 그리고 1844년 파리에 최초의 '공원'이 조성되었어요. 이후 동네에 작은 공원들이 생겨나기 시작했죠. 나폴레옹 3세가 임명한 파리 지사 오스만 남작은 시가지 한 가운데 있는 허름한 건물들을 없애고 그 자리에 작은 공원들을 조성했답니다.

여가생활을 위한 정원

많은 사람들이 여가를 즐기기 시작한 때는 1960년대부터였어요. 이때부터 현대적인 공원들의 숫자가 증가하게 되었고 도시 시민들은 자연을 느끼며 산책을 하거나 운동을 하거나 피크닉을 즐길 수 있게 되었어요. 오늘날 도시들은 세계적으로 유명한 조경사들에게 의뢰해 공원을 조성하고 있답니다.

라 빌레트 공원

바람과 모래언덕 정원, 용의 정원, 곡예 정원, 섬의 정원 등 파리 라 빌레트 공원에는 30여 명의 조경 디자이너들이 고안한 10개 정원들이 주제별로 조성되어 있습니다. 1987년부터 수년에 걸쳐 조성된 정원들에는 자연과 건축, 그리고 문화가 어우러져 있답니다.

세상 모든 정원

정원은 정원을 소유한 사람과 그 정원을 조성한 사람 문화를 그대로 드러내죠.
프랑스식 정원, 영국식 정원, 일본식 정원에 이르기까지 다양한 정원 형태는
세상을 바라보는 서로 다른 관점을 보여준답니다.

가이드와 함께

베르사유 프랑스식 정원은 '방'과 '거실'이 있는
아파트처럼 설계되었어요. 그래서 현관에서
시작해 다른 방들로 들어가듯 정확한 동선을 따라
관람해야 해요. 정원에는 소사나무 '벽', 물의 '계단',
잔디 '카펫', 나무 '커튼'이 있어요. 정원에서 물은
거울 역할을 하거나 궁전 안에서 빛나는 크리스털
샹들리에의 광채를 재현하는 역할을 한답니다.

프랑스식 정원 경관을 제대로 감상하고 싶다면 높은
곳에서 내려다보기를 추천해요. 착시현상을 일으키기 위해
건축가와 조경사가 고안해낸 선들은 보는 각도에 따라
계속 '변한답니다.'

건축가 정원

16세기경 프랑스에서 모습을 드러낸 프랑스식
정원은 100년 후 루이 14세 때 그 화려함과 웅장함이
정점을 찍었답니다. 그때부터 유럽 수많은 정원은
베르사유 정원을 본 따 반듯하고 질서정연한
기하학적 조경을 선보였죠. 건축가가 설계한 그런
정원에는 착시 현상을 일으키는 직선과 대칭
공간이 조성되어 있고 인공호수, 반듯하게 다듬어진
회양목, 분수, 동상이 배치되어 있어요. 하지만 정원
중심에서 멀어질수록 계획된 정원이 아닌 자연
그대로의 모습이 서서히 드러난답니다.

화가의 정원

16세기에 탄생한 영국식 정원은 프랑스식 정원과는 반대로 비정형적이에요. 자연을 인위적으로 변형시키지 않는 영국식 정원에서 돌출된 부분과 푹 꺼진 부분은 정자와 동굴을 대신하고 호수는 연못과 분수를 대신한답니다. 다양한 여러 요소들을 그림 그리듯 배치했기 때문에 그야말로 그림처럼 아름다운 전경이 더욱 빛을 발한답니다.

이 정원의 서정적인 분위기는 방문객을 기분 좋은 꿈을 꾸듯 한가롭게 거닐게 만든답니다.

극락의 정원

일본식 정원에는 다섯 가지 유형이 있어요. 선원식 정원(참선하는 정원), 로지식 정원(다도를 하는 정원), 쇼인식 정원(사교를 위한 정원), 차경식 정원(경치를 감상하는 정원), 회유식 정원(산책을 위한 정원)이 바로 그것이죠. 회유식 정원은 석가가 말하는 극락을 재현한 정원으로 구불구불한 산책로와 다리는 극락으로 가는 길을 상징한다고 해요.

명상 정원

8세기에 일본에 도입된 가레산스이 정원은 중국 사원 정원에서 영감을 받아 조성된 정원이에요. 명상을 위해 조성된 이 정원은 평안하고 고요한 마음을 이끌어낸답니다. 자연의 여러 요소들이 미니어처로 재연되어 있어 자연 축소판과도 같은 정원이죠. 언제나 홀수로 배치되는 바위는 산을, 바닥에 깔린 돌과 모래는 바다와 파도를 나타낸답니다.

중국 산에서 영감을 받은 가레산스이 정원에서 무엇보다 중요한 요소는 산을 나타내는 돌이에요. 이 정원은 오늘날 전 세계 많은 조경 디자이너들에게 영감을 주고 있답니다. 일본 절을 방문하면 마당에 굵은 모래를 깔고 기하학적인 문양을 그린 정원을 볼 수 있어요

한 가족이 정원에서 함께 일하고 있어요. 정원은 도시에 사는 가족들이 야외에서 함께 시간을 보낼 수 있는 기회를 준답니다.

모두가 함께하는 정원

200년 전부터 사람들은 도심에 있는 정원들을 공유해왔어요. 본래 빈곤층에게 먹거리를 제공할 목적으로 조성된 도심 정원들은 오늘날에도 교육, 환경, 그리고 연대의 장을 마련하고 있답니다.

노동자들의 공원에서 가족을 위한 공원으로

프랑스는 1833년경 노동자들의 공원을 조성하기 시작했어요. 소득이 적은 노동자들이 공원 땅을 경작해 거기에서 나온 수확물을 살림살이에 보탤 수 있도록 하기 위함이었죠. 이후 이 공원은 1952년에 가족 공원으로 용도가 변경되었고 도심 가까이에 위치하고 있는 이 공원의 부지는 구획을 나누어 소득 수준에 따라, 그리고 기나긴 대기명단 순서에 따라 필요한 가정에 할당되었답니다.

노동자들 공원은 200년 전부터 존재했어요. 비행기에서 내려다보면 반듯하게 구획된 공원이 마치 모자이크 그림처럼 보인답니다.

공유 정원 시초

1970년 미국 뉴욕, 화가 리즈 크리스티는 자신이 살고 있는 동네 지저분한 공터를 꽃밭으로 만들어보자고 결심했어요. 공터를 둘러싸고 있는 철책 위로 씨앗 주머니를 투척하는 방식을 사용했죠. 뜻을 함께하는 친구들을 모은 그녀는 버려진 공터를 청소하고 최초의 공동체 정원을 만들었어요. 이 정원은 모두에게 개방되었고 이웃들이나 동네 주민들이 자발적으로 관리했죠. 이 정원이 공유 정원의 시초라고 할 수 있어요.

씨앗을 뿌리고 모종을 심고 싹을 틔우는 과정을 모두가 함께 하는 것, 이것이 바로 공유 정원 모토랍니다.

연대의 정원

1980년대부터 정원은 사회·경제적으로 큰 어려움에 처한 사람들을 위한 장소로 탈바꿈했어요. '구직자를 위한 정원'이라는 이름이 붙은 정원들은 직업을 찾지 못한 사람들을 고용해 원예 관련 교육을 제공하고 정원을 가꾸도록 하면서 임금을 지급했어요. 이 초보 정원사들이 정원에서 수확한 채소는 '사랑의 식당Restos du coeur, 경제적으로 어려운 이들에게 무료 식사를 제공해주는 프랑스 비영리단체-역주'을 이용하는 사람들에게 제공되었고요. 이것이 바로 진정한 연대의 선순환 아니겠어요?

관계를 엮어가요

공유 정원은 누군가를 만나기에 더할 나위 없이 좋은
장소예요. 공유정원에서는 어른들이 자신들의 지식을
아이들에게 전달할 수도 있고 경제적 상황과 문화가
서로 다른 이웃들이 한데 어우러질 수도 있죠. 하지만
서로 노력하지 않으면 어떤 것도 이루어질 수 없어요!
서로에 대한 존중과 이해 없이는 공간을 공유할 수 없을
거예요. 그리고 정원사들은 서로 다름에도 불구하고
함께 일한다는 것의 의미가 무엇인지 사람들에게
알려야 해요.

부모님이 정원을 가꾸는 일에 대해 잘 모르신다면
공유 정원을 이용하는 다른 어른들에게 노하우를
배울 수 있어요. 세대 간에 소통이 이루어지는
멋진 장소죠.

수확물을 나누어요

도시의 인구 증가와 함께 각 가정에 할당되는 공유 정원 면적은 줄어들 수밖에 없었어요.
20세기 초에는 평균 $450m^2$였던 것이 현재는 $100m^2$, 어떤 경우에는 $50m^2$로 줄어들었죠.
그리고 대다수 공유 정원에서 식물이 재배되는 면적은 고작 $150m^2$밖에 되지 않아요! 그래서
공유 정원에 참여한 모든 사람들에게 분배할 만큼 충분한 수확량이 확보되지 못할 때가
많았죠. 그래서 텃밭을 가꾸는 사람들은 아이디어를 냈고 해결책을 찾았어요. 사람들은 일
년에 한 번, 또는 기회가 될 때마다 한자리에 모여 함께 가꾼 수확물로 음식을 만들어 다함께
식사하는 자리를 마련했답니다.

친환경 텃밭

텃밭을 공유하는 사람들이 모두 같은
생각을 갖고 있지는 않을 거예요. 하지만
환경 보호에 중점을 두고 생물 다양성을
보존하려는 사람들이 점점 더 많아지고
있는 추세죠. 그런 사람들은 친환경
건축에도 관심이 많아서 오두막 지붕을
텃밭으로 만들거나 물을 사용하지 않는
친환경 화장실을 만들어 사용한답니다.

공유 텃밭의 평범한 오두막이 지붕에 꽃이 핀 재미있는
오두막으로 변신했어요.

공유 정원 규모는 크거나 작을 수 있어요. 그래서 텃밭을 이용하는 사람들은 상황에 따라 다함께 텃밭을 가꾸거나 각자 구획을 정해 자신만의 텃밭을 가꿀 수 있어요. 다함께 텃밭을 가꾸는 경우에는 공동으로 계획을 세우고 공동으로 텃밭을 가꿔야 해요. 자신만의 구획이 할당된 경우라면 각자 바람과 기술에 따라 다양한 형태로 텃밭을 가꿀 수 있겠죠.

문화 공간이자 재배 공간

공유 정원은 기본적으로 채소를 재배하는 공간이지만 문화를 공유하는 공간이기도 하답니다. 텃밭 모습은 가꾼 사람의 미적 취향을 드러낸답니다. 그래서 공유 정원에서는 이따금 건축가들을 초청해 텃밭을 더욱 아름답게 가꿀 수 있는 아이디어를 얻기도 하죠. 또 각자가 자신의 구획을 장식적인 형태(풍차의 바람개비, 꽃잎 등)로 만들어볼 수도 있고요.

미니 텃밭을 만들어요

텃밭을 만들 공간이 없다고 해도 자그마한 야외 텃밭을 만들어 공유할 수 있는 방법이 있답니다.

- 다듬지 않은 1m 길이 나무판 4개
- 망치
- 못
- 방수포 1개
- 흙과 부식토
- 나뭇가지 4개(또는 밧줄)
- 씨앗 또는 모종(토마토, 양상추, 허브, 꽃 등)

1. 어른 도움을 받아 나무판 4개로 정사각형 틀을 만들어요. 안쪽에 방수포를 씌우고 그 위에 흙을 덮어요.

2. 나뭇가지나 밧줄로 구획을 나누어 9개의 작은 정사각형을 만들어요.

3. 선택한 식물을 심어요. 단, 작은 정사각형마다 소량으로만 심어야 해요!

유명한 정원들은 정기적으로 가족들과 학생들을 대상으로 재미있고 유익한 프로그램을 마련한답니다. 어떤 정원들은 식물들에 둘러싸여 환상적인 축제 기분을 만끽할 수 있는 페스티벌을 개최하기도 하고요.

재미있는 정원 가꾸기

우리집에 정원이 없어도 정원에서 마음껏 뛰놀고, 식물을 키우고, 채소나 꽃으로 예술 작품을 만들 수 있는 방법이 있어요. 어떻게 하면 되냐고요? 정원 축제나 식물원을 방문하고 매년 열리는 학교 대항 정원 뽐내기 대회에 참가하기만 하면 돼요. 이런 행사가 없다면 집근처나 지자체에서 실시하는 텃밭 분양하는 곳을 알아보세요.

쇼몽 쉬르 루아르 국제 정원 축제

이 국제적인 축제는 인간과 자연의 조화로운 공존과 생물 다양성 보존을 위한 축제에요. 어린이들을 위한 견학 프로그램은 축제 담당자 인솔하에 진행되지만 개별적으로 방문했을 때는 입구에 비치된 '탐방로 안내 책자'를 보며 자유롭게 정원을 탐방할 수 있답니다.

가이약Gaillac에서 열리는 '풍경과 정원 영화제'

'풍경과 정원 영화제'에서는 영화 상영(다큐멘터리, 르포, 애니메이션), 가이드와 함께하는 산책, 정원 꾸미기 아틀리에, 전시와 교육 등 다양한 프로그램을 운영하고 있어요. 매년 1,000명 이상 방문객들이 이 영화제를 통해 환경 보호와 지속가능한 발전 원칙을 체험하고 있답니다.

예술적인 쇼몽 쉬르 루아르 축제

현대 미술 작품이 함께 전시되는 쇼몽 쉬르 루아르 축제는 식물학과 예술적 창조를 결합시키는 문제에도 관심을 갖고 있어요. 우리는 축제에서 루소 그림을 보며 감탄할 수도 있고 '랜드 아트대지의 경관에 인위적 변화를 주는 예술 방식-역주'를 해볼 수도 있고 공원에서 발견한 재료로 조각을 해볼 수도 있답니다.

스페인 코르도바에 있는 어느 집의 벽장식이에요. 이 지역에서 매년 열리는 정원 축제 때마다 이렇게 재미있는 아이디어를 선보이는 집들이 있답니다!

학교 대항 정원 꾸미기 대회

OCCE(프랑스 학교 협동 중앙회)와 FDDEN(프랑스 공교육 지역 대표 연합회)은 매년 공동으로 '학교 대항 정원 꾸미기 대회'를 열고 있어요. 두 기관은 국·공립학교를 대상으로 여러 교육 프로그램을 제공하며 한 해 동안 학교에서 정원 꾸미기 프로젝트를 실행할 수 있도록 지원해요. 심사위원은 식재된 식물들의 상태와 프로젝트를 통해 이룬 교육적 성과를 고려해 우승학교를 선발한답니다.

초등학생들을 위한 정원 가꾸기 체험 주간

프랑스에서는 봄이 시작될 무렵, 전문 정원사들이 일주일간 작업실을 개방한답니다. 초등학생들이 학급 친구들과 함께 정원사 지도를 받으며 파종하고 모종하며 정원 가꾸기를 체험할 수 있는 기회죠. 뿐만 아니라 식물의 한살이를 배우고 식물들에 대한 정보도 얻을 수 있답니다. 향기로운 식물들의 향기도 마음껏 맡을 수 있고요. 여러 정원사들은 지속가능한 발전과 생물 다양성 보존에 관한 교육에 지속적인 관심을 갖고 활동하고 있답니다.

도시의 정원들

여러분이 도시에 살고 있다면, 편안히 휴식하고 싶을 때, 조용히 책을 읽고 싶을 때, 푸른 나무들 사이에서 친구들과 재미있게 놀고 싶을 때 공원에 가요.

우리가 알고 있는 수많은 큰 공원들, 동네 작은 공원들, 이런 저런 정원들에 더해 도시에 새로운 정원들이 나타나고 있어요. 수직정원이나 행잉 가든공중에 식물을 매달아 독특하게 꾸민 정원-역주과 같은 새로운 형식 정원들은 도시에서 자연이 차지하는 자리가 점점 더 커지고 있음을 보여주죠.

공원에서

모든 도시마다 최소한 하나의 공원은 있어요. 우리는 공원에서 나무와 벤치가 늘어서 있는 오솔길을 따라 산책하고, 냇가의 징검다리를 건너기도 하며, 정자 꼭대기에서 바라보는 풍경에 감탄하기도 해요. 공원에 동굴이 있다면 들어가 볼 수도 있고요. 또 음악당이나 장미원이 있는 공원도 있죠. 공원에서는 잘 가꿔놓은  식물들을 전시하기도 하고 식물원에서는 수집해 놓은 식물들을 관람객에게 공개하기도 해요. 공원은 도시 속에서 자연 그대로의 모습을 간직한 공간이기 때문에 우리는 초원이나 숲속에 와 있는 듯해요. 한편 모든 공원들은 공공 복지를 위해 각 지자체가 관리해요.

고층건물들의 변신

때가 타거나 그림으로 뒤덮인
고층건물들부터 유행에 따라 새로 지은
건물들까지 점점 더 많은 건물들이 녹색
외투를 입고 있어요. '초기 예술 박물관'을
포함해 파리에 있는 40개 건물들에는
이미 외벽에 수직정원을 조성했답니다.
다른 대도시들도 이러한 흐름을 따라가고
있어요. 수직정원은 회색빛 도시에 초록의
싱그러움을 선사할 뿐만 아니라 건물을
소음과 열기로부터 차단하고 공기오염까지
완화하는 장점이 있답니다.

도시에 사는 사람들은 건물과 가까운 곳에, 때로는 옥상에 자그마한
정원을 조성해 도시 한가운데에 조금이나마 자연의 빛깔을 선사해요.

지붕 위의 정원

스칸디나비아 지방 또는
북유럽에서 시작된 녹색지붕은
수 천 년 전부터 존재해왔어요.
지붕에 단단한 골조를 설치하고
그 위에 부식토와 흙을 쌓고
식물들을 심어 녹색지붕을
만들었죠. 본래 추운지방에서
집의 단열을 위해 설치하기
시작했던 녹색지붕은 오늘날
여러 현대적인 건축물에 다시
등장하고 있어요. 수직 정원과
마찬가지로 녹색지붕은 도시
풍경을 산뜻하게 만들 뿐만
아니라 생물 다양성 회복에도
도움을 주고 있답니다.

 **멕시코
행잉 가든**

모든 대도시가 그렇듯 멕시코는
환경오염이라는 심각한
문제에 직면해 있어요. 최근
멕시코 도시들은 지붕이나
옥상에 식물을 심는 시민들과
기업들에게 세금을 감면하겠다고
발표하며 지붕 '녹화' 사업을
장려하고 있답니다. 멕시코는
계속해서 도시를 뿌옇게 만드는
이산화탄소를 감소시키는 데 이
녹색지붕이 큰 역할을 하리라
기대하고 있어요.

**환경에 눈을 돌리는
지자체**

많은 지자체가 도시에 녹지가
부족하다는 것을 인식하고 도시
계획을 수정하고 있어요(건설
공사 발주법). 실제로 새로운
정원을 조성할 만한 공간이 부족한
파리에서는 앞으로 건축될 건물에
대해 가능한 곳(지붕, 벽면 등)에
최소한 녹지 조성을 의무화할
것이라고 발표했죠.

이 멋진 녹색지붕을 보세요! 지붕이
썩지 않도록 보호층을 설치해 식물을
심는 층과 골조를 분리했답니다.

지구는 하나의 정원

조경디자이너 질 클레밍은 '움직이는 정원'에서 잡초는
더 이상 해로운 풀이 아니에요. 정원사는 자연에 아주
최소한으로만 개입해야 한다고 말했어요.

지구 취약성을 인식한 사람들은 자연을 바라보는 시선을 바꾸게 되었어요.
새롭게 주목받는 조경사들은 그들에게 영감을 준 세계적인 조경 디자이너 질 클레망의
'자연에 맞서기보다 자연과 함께할 때 얻을 수 있는 것이 더 많다'는 말에 깊이 공감하고 있죠.

잡초들도 환영해요!

질서정연하게 깎인 잔디밭, 한 종류의 나무로 조성된 단조로운 울타리가 있는 시대는 갔어요.
정원 외관은 더 이상 가장 중요하게 고려되는 부분이 아니에요. 새롭게 등장한 조경사들은
자연을 인간 뜻대로 변화시키는 것에서만 즐거움을 느끼지 않아요. 그들은 꼭 필요한 순간에만
개입할 뿐, 식물들이 자연 그대로 자라는 모습을 지켜보는 것에서 더 큰 기쁨을 느낀답니다.
그런 조경사들은 발길이 닿는 대로 씨앗을 파종한 다음 발아가 된 곳에 녹색 공간을 조성하죠.
그들은 가장 잘 퍼지는 품종을 포함해 다양한 품종이 공존할 수 있게 해주고 나무 새순이
자라는 방향을 유도해 모든 식물들이 골고루 햇빛을 받을 수 있게 해준답니다.

질 클레망, 생태주의 조경 선구자

원예기사, 조경사, 작가, 정원사, 베르사유 국립
고등 조경 학교 교수이기도 한 질 클레망은
'지구 정원', '움직이는 정원', '제3의 풍경' 등
생태주의를 강조한 아이디어를 내놓으며 조경
분야에서 혁신을 일으켰어요. 그는 언제나
인간과 자연이 더 이상 대립하지 않고 조화로운
균형 속에서 공존할 수 있는 방법을 모색했죠.

지구정원

지구를 하나의 거대한 정원이라 생각하면 어떨까요?
인류 전체가 정원사인 하나의 정원이요. 바로 그것이 질
클레망의 아이디어였어요. 각자가 자신의 땅에 집중해
자신의 이익에만 급급하기보다는 모두의 공공재인
지구의 정원사가 되어야 한다는 것이죠. 인류는 진보한
기술과 테크닉을 생물 다양성을 이용하는 동시에
그것을 파괴하지 않고 보존할 수 있는 방법을 모색하는
데 써야 할 거예요.

원시림, 황야, 이탄지토탄이 퇴적된 땅-역주, 황무지와 같이 인간의 손길이 전혀 닿지 않은 장소들을 보호해야 해요. 질 클레망이 '제3의 풍경'이라 명명한 이런 장소들은 없어져서는 안 되는 곳들이에요. 바로 그런 곳들이 숲의 개간과 목축업으로 서식지를 잃은 동식물에게 피난처가 되기 때문이죠.

생물 다양성은 파는 것이 아니에요!

오늘날 전문 정원사들이나 농부들이 식물을 재배하기 위해 자신들이 만든 종자를 사용하는 것은 거의 불가능하다고 할 수 있어요. 거의 모든 종자를 거대 원예 회사에서 독점하고 있기 때문이죠. 그렇게 되면 원예 산업은 자신들의 이익에 따라 어떤 품종은 더 많이 퍼지게, 또 어떤 품종은 사라지게 하면서 지구상에 존재하는 종자 거래를 통제할지도 몰라요. 그래서 정원사들은 상업적인 목적으로 자연 자원을 유용하는 원예 회사에 맞서기 위해 힘을 모으고 있답니다.

시민들 참여

자신의 땅을 경작할 권리, 자연보호, 생물 다양성 등 사람들은 세계 곳곳에서 환경을 위해 자신들이 할 수 있는 일들을 하고 있어요. 케냐 환경운동가 왕가리 마타이Wangari Maathai, 아프리카 그린벨트 운동을 창설해 생태학적으로 가능한 아프리카의 발전을 촉진-역주가 주도한 그린벨트 운동이나 인도 소작농들의 비폭력 투쟁이 그 좋은 예가 되겠죠. 한편 프랑스에서는 '살아있는 땅', '코코펠리'와 같은 협회가 종자 보존을 위해 앞장서고 있어요.

노벨평화상을 수상한 왕가리 마타이(1940~2011)는 전 생애에 걸쳐 환경 보호 운동을 했어요. 여성들과 어린이들에게 나무를 심게 해 자연을 보호하면서도 '경제적인 도움이 되는 정원 가꾸기' 실천을 독려했죠.

가볼 만한 정원들

여름 방학 동안 여행을 떠나는 길에 유명한 정원들을 지나치게 된다면 꼭 한번 들러보세요. 역사적으로 가장 위대한 정원사들이 만들어 놓은 화려한 정원의 풍경에 저절로 감탄사가 나올 거예요. 그런 정원은 우리집 정원을 꾸밀 때에도 많은 영감을 줄 수 있답니다.

루아르 강변 주변에 지어진 르네상스 시대 최후의 대형 건축물 빌랑드리성은 1906년에 조성된 테라스 정원으로도 유명하죠. 텃밭에는 알록달록한 채소들이 다양한 기하학적 무늬를 이루며 식재되어 있어요. 이런 풍경은 보는 이로 하여금 독특한 바둑판무늬를 떠오르게 한답니다.

프랑스의 정원들

아름다운 정원들은 우리를 명상의 세계로 안내해요. 그런 곳에서 한가롭게 이곳저곳 거닐다보면 자연스레 생각에 빠지게 되죠. 가족과 함께 혹은 반 친구들과 이런 정원들을 방문한다면 카메라와 노트를 꼭 챙겨가세요. 그리고 거기에서 느낀 감정을 적고 정원의 풍경을 스케치 해보세요.

기하학적 선들과 별모양으로 배치된 산책로와 더불어 원형 또는 반원형 연못이 있는 베르사유 정원은 전형적인 프랑스식 정원이랍니다. 루이 14세의 천재적 궁정 조경사였던 앙드레 르 노트르André Le Nôtre가 표현해낸 정원은 화단, 작은 숲, 분수, 그리고 텃밭이 모두 함께 조화를 이루고 있답니다.

인상주의 대가인 화가 모네는 지베르니에 있는 자신의 집 앞에 꽃이 만발한 정원을 꾸몄어요. 그리고 건너편에는 물의 정원을 만들었고요. 그는 가장 소박한 꽃들과 가장 세련된 꽃들을 섞어 제일 먼저 피어나는 꽃들의 색을 사계절에 걸쳐 포착했어요. 일본판화에서 영감을 받은 물의 정원은 수련, 갈대, 아이리스로 가득 차 있어요.

1680년에 '프랑스식' 정원으로 조성된 쿠르송 공원은 1820년 완전히 '로맨틱'하게 바뀌었어요. 현재는 공원에 다양한 수종의 수많은 나무들이 늘어선 구불구불한 오솔길, 아름다운 화단, 그리고 연못이 있답니다.

네덜란드 꽃 재배 지대 한가운데 있는 쾨켄호프 공원에는 매년 약 100만 명의 방문객이 찾아온답니다. 원예사들이 자신들이 개발한 튤립 품종을 선보이는 곳도 바로 이곳이죠. 가능하다면 봄에 이 공원을 방문해보세요. 잔디밭 화단에 식재된 히아신스, 수선화, 튤립이 정말로 환상적인 색들을 뽐낸답니다.

유럽 정원들

유럽을 일주할 기회가 있다면 정원들을 방문해 산책하기를 추천해요. 모나코 공국에서 스웨덴에 이르기까지 각 나라 정원을 방문해보겠다는 목표를 가지고 여행을 한다면 여행이 더 재미있을 거예요.

모나코의 선인장 식물원은 선인장 왕국이이에요! 지중해가 내려다보이는 독특한 전망을 뽐내는 이곳은 몽환적인 느낌을 주죠. 그곳에서 우리는 온갖 희귀한 식물들을 다 만날 수 있어요. 열대지방에서 온 선인장과 다육식물은 코트다쥐르의 온화한 국지기후지형이나 지물의 영향을 받아 극히 좁은 지역 내에 특징적으로 나타나는 기후-역주 덕분에 건강하게 자랄 수 있답니다.

영국 큐 왕립 식물원은 오늘날 세계에서 가장 광범위하게 식물을 보유하고 있는 식물원이에요. 그중 몇몇 식물들은 거대한 야자나무 온실 안에 있답니다. 이 식물원은 2003년 유네스코 세계문화유산으로 등재되었어요.

빌라 데스테는 16세기에 건축된 이탈리아 로마 근교에 있는 저택으로 정원 때문에 특히 더 유명해졌어요. 저택 아래쪽에 늘어선 수많은 분수와 연못에서 쉬지 않고 아름다운 물줄기가 뿜어져 나온답니다.

1655년 지어진 스웨덴에서 가장 오래된 웁살라의 린네 식물원이에요. 1,800여 종의 식물을 보유하고 있는 이 식물원은 학생들에게 식물학과 약제학을 교육하는 데 사용되었어요. 18세기에 생물분류학 아버지라 불리는 칼 폰 린네Carl von Linne는 이 식물원에 수천여 종 새로운 식물들을 들여왔죠.

내 친구
정원

유용한 정보

관련 분야의 직업

원예사

정원을 가꾸고 채소, 꽃, 나무, 과실수를 경작하는 사람을 원예사라고 해요. 꼭 직업으로서의 원예사가 아니더라도 자신의 정원을 가꾸는 사람들 역시 원예사라 부를 수 있겠죠.

화훼 원예사

화훼 원예사는 씨앗이나 묘목을 키워 절화(식물에서 꽃이나 꽃봉오리를 줄기,잎과 함께 잘라낸 것을 말해요-역주), 관엽식물 또는 화초를 생산하는 사람이에요. 화훼 원예사는 인내심이 있어야 해요. 어떤 경우에는 결과를 얻기까지 1년을 기다려야 할 때도 있으니까요. 연약한 식물들을 다루는 화훼 원예사는 야외나 온실에서 잡초를 뽑고, 물을 주고, 비료를 주고 가지치기를 해요. 이런 작업을 할 때는 불편한 자세를 오랫동안 유지해야 하죠. 또 화훼 원예사는 관찰력이 좋아야 해요. 식물에 물을 주거나 통풍을 시키거나 또는 보온을 해야 하는 때를 재빨리 파악해야 하기 때문이죠. 재배한 식물은 대개 꽃가게에 판매해요.

과실수 전문가

과실수 전문가는 과실수를 전문적으로 재배해요. 과수원을 관리하는 과실수 전문가는 고사한 나무를 제거하고 가지치기를 하며 과일이 풍성하게 열릴 수 있도록 관리하죠. 따라서 다양한 품종 과실수들에 대한 지식이 있어야 하고 수목에 필수적으로 필요한 모든 조치를 취할 수 있어야 해요. 이들은 열매를 손상시키지 않고 요령 있게 다루며 열매를 수확하는 작업에도 참여하죠. 과실수 전문가는 계절에 따라 일을 하기도 하고 자신의 사업장을 꾸리기도 하며 농장주와 함께 일하기도 한답니다.

원예 종묘사

원예 종묘사는 정원수, 관상용 관목, 과실수, 묘목을 키워 판매하는 사람이에요. 온실이나 야외에서 일하는 원예 종묘사는 다양한 일을 해요. 꺾꽂이 가지를 준비해두었다가 봄이 오면 그것을 심고 영양분을 주고 물을 주며 병충해도 예방하죠. 관목 형태를 만들고 가지치기를 하고 접붙이기를 하는 것도 그의 일이랍니다. 그렇게 키운 나무들이 팔릴 때까지 계속 관리해주죠. 원예 종묘사 일은 육체노동이 주를 이루지만 영업적인 측면도 있답니다. 지속적으로 고객들과 연락하며 고객들의 취향에 따라 나무를 소개하고 추천해야 하니까요.

채소 재배농

채소 재배농은 판매를 위해 채소를 재배해요. 땅을 일구고 씨앗을 뿌리고 물을 주고 식물을 보호하죠. 그들은 매일매일 채소가 자라는 것을 지켜보고 건강하게 자랄 수 있도록 도와준답니다. 지역과 재배하는 채소 종류에 따라 들판에서 일하거나 온실에서 일하죠. 그래서 채소 재배농은 온실의 열기와 더불어 허리를 굽히거나 무릎을 꿇는 자세를 버텨낼 수 있어야 해요. 채소 재배농은 대개 팀을 이뤄서 일해요. 과실수 전문가가 과일을 수확하는 것처럼 채소 재배농은 판매를 위해 채소를 수확해서 손질하고 포장하는 작업도 한답니다.

정원사

정원사는 조경설계사가 설계한 프로젝트를 위해 공원이나 개인정원 또는 경기장의 녹지를 조성하고 개발하며 유지보수 하는 일을 해요.

다양한 업무

정원사는 땅 고르기, 식재하기, 파종하기, 전지하기, 잔디깎기, 잡초뽑기, 온실 식물 재배하기, 관수 시스템 설치, 화단 조성을 위한 장비 조작에 이르기까지 정말로 다양한 일들을 한답니다. 그리고 때로는 산책로 조성, 포석깔기, 얕은 벽 세우기 등 석공작업도 해야 하고요. 작업을 위해 대개 소음이 심한 기계와 전동 장비를 사용하며 이 장비들을 유지보수 하는 일도 해야 한답니다.

업무범위

언제나 야외에서 몸을 숙이거나 굽힌 자세로 일을 하고 나무의 가지치기를 위해 높은 곳에 올라가야 하는 정원사의 작업은 때때로 위험하고 힘들답니다. 그래서 정원사는 대개 책임자 1인의 감독하에 2~3인이 한 조로 작업해요.

조경설계사

녹지를 조성하기 위해서는 무엇보다도 설계를 먼저 해야 하죠. 조경설계사는 이 설계 작업을 하는 사람이랍니다.

예술가이자 엔지니어

현실을 고려하면서도 창의력을 발휘해야 하는 조경설계사는 우리의 생활환경을 개선시키기 위해 열심히 일하고 있어요. 조경설계사가 녹지를 설계할 때는 미적인 측면과 기능을 동시에 고려한답니다. 다시 말해 식물이나 잔디를 조성하기 위한 계획을 세울 뿐만 아니라 통로 조성이나 조명 설치 같은 기능적인 측면까지 모두 포함해 녹지를 설계하죠. 공원, 경기장, 연못, 접근하기 힘든 지대를 정비할 때, 혹은 버려진 채석장이나 쓰레기 적치장 같은 곳들을 녹지로 조성할 때 조경설계사가 반드시 필요하죠. 한편 실내 작업을 전문으로 하는 조경설계사들도 있답니다. 그들은 주로 사무실, 호텔, 전시장 또는 영화 촬영장과 같은 장소에 녹색공간을 조성하는 일을 한답니다.

전문 용어

가지치기(전정작업): 식물의 뿌리, 가지, 또는 잎의 끝부분을 다듬는 작업.

건조토: 과잉된 습기를 제거한 흙.

곁눈: 일부 식물의 뿌리에서 나온 새순으로 번식하는 데 이용돼요.

과립형 유기질 퇴비: 가축 분뇨와 짚을 섞어 만든 건조된 상태의 퇴비로 과립형태로 포대에 포장해 판매해요.

관목: 밑동이나 땅속에서부터 줄기가 갈라져 나는 목질화 된 식물(나무도 포함)로 원줄기가 분명하지 않아요.

광합성: 식물이 엽록소를 통해 빛에너지를 화학에너지로 전환시키는 자연적인 과정.

구근 식물: 알뿌리에 영양분을 비축하고 성장하여 꽃을 피우는 식물.

기는줄기: 식물의 밑동에서 나는 줄기로 땅 위에 붙어서 자라 뿌리에서 자란 잎을 형성해요. 이 부분은 별개의 개체로 성장해요.

꺾꽂이: 식물에서 채취한 줄기나 뿌리의 한 부분을 뿌리내리게 해서 새로운 식물을 얻어내는 재배방식.

낙엽성 식물: 겨울이나 건기에 매년 잎의 일부분을 떨어뜨리는 성질을 가진 식물.

내한성 식물: 기후 조건에 쉽게 적응하는 식물로 특히 추위에 잘 견디는 식물을 말해요.

내한성이 약한 식물: 추위나 저온에 약한 식물.

노균병: 곰팡이로 인해 발생하는 병으로 식물의 잎과 과일을 손상시켜요. 특히 기후가 온화하고 습할 때 자주 발생해요.

눈: 과실수와 관상용 식물의 가지에서 자라는 어린 싹을 말해요. 나무눈이나 꽃봉오리가 돼요.

다년생식물: 줄기가 겨울이 되면 죽고 뿌리는 살아 있어 봄이 되면 매년 다시 싹이 돋아나는 초본식물.

다회번식식물: 연중 두 번 꽃을 피우거나 열매를 맺는 식물.

덩굴식물: 덩굴손이나 부착근을 통해 다른 물건을 감거나 그곳에 붙어 자라는 식물.

덩이줄기: 식물의 땅속에 있는 줄기 끝이 영양분을 저장하여 크고 뚱뚱해진 땅속줄기.

맨뿌리묘: 뿌리에 흙덩어리도 없고 용기에도 담기지 않은 채 원예종묘사가 판매하는 식물.

무기질: 생물체 성장에 극소량으로 필요한 무기물.

물이끼: 물기가 있는 지상이나 늪 주변에 크게 뭉쳐서 서식하는 이끼류 식물.

미생물: 현미경으로만 관찰되는 아주 작은 생물.

발아: 씨앗에서 잔뿌리가 나고 줄기가 발생해 성장하는 현상.

발아력: 일정 기간 동안 씨앗이 싹을 틔우는

능력.

배수: 땅에 과다하게 존재하는 물을 배출 시키는 것.

버미큘라이트: 화분에 있는 흙의 배수성을 개선하기 위해 사용되는 작은 알갱이로 된 규산화합물.

번식: 파종, 꺾꽂이, 휘묻이 등 식물을 증식시키는 모든 기술을 말해요.

복합비료: 질소, 칼륨 등 화학 물질을 바탕으로 제조한 비료.

부식토: 유기질 재료가 부식되어 형성된 토양으로 여기에 함유된 무기물 성분의 대부분은 식물이 직접 흡수해요.

분갈이: 식물을 더 큰 화분으로 옮겨 심어 식물이 새로운 영양분을 흡수할 수 있도록 하는 작업.

분갈이흙: 습기를 빠르게 흡수하고 다공질이며 곱게 부순 흙.

분형근: 땅속에서 흙과 함께 둥글게 형성된 상태의 뿌리로 식재 전에 정원에서 뿌리 주변에 붙어있는 흙을 분쇄해야 해요.

뿌리줄기: 땅 속이나 땅에 붙어 자라는 줄기로 뿌리와 생김새가 무척 유사해요.

뿌리털: 뿌리의 표피세포가 변하여 바깥쪽으로 자란 매우 가늘고 약한 털로 뿌리털을 통해 물과 무기질을 흡수해요.

상록식물: 사철 내내 나뭇잎이 푸른 식물로 주기적으로 잎이 소량으로 떨어져요.

새싹: 씨앗에서 나와 새로 돋아나는 싹.

석회보르도액 또는 석회유황합제: 황산구리와 석회유를 섞은 농약으로 보르도용액은 특히 노균병을 예방하는 데 사용해요.

솎아내기: 과실수에서 열매의 일부분을 제거하거나 촘촘히 식재된 식물들 사이사이를 제거해 간격을 넓히는 작업.

순지르기: 영양분이 너무 많은 가지에 분산되지 않도록 줄기 앞쪽의 맨 끝을 손으로 잘라 제거해주는 작업.

씨눈: 씨앗 속에 있는 발생 초기 어린 식물.

암꽃, 수꽃: 같은 종이라 하더라도 꽃은 생식기관에 따라 구분될 수 있어요. 수꽃에는 수술이, 암꽃에는 암술이 있죠. 어떤 꽃들은 암술과 수술을 함께 가지고 있기도 해요.

액체 유기질 비료: 빗물을 받아 식물을 재료로 제조하는 액체 비료(우려내기, 달이기, 담그기).

액체비료: 물에 섞어 뿌리는 액체상태 화학 비료.

에스펠리어: 벽면이나 수평 철망을 세워 나무의 성장을 유인해 평면형으로 자라게 하는 원예기법.

엽록소: 녹색 식물의 잎에 함유되어 있는 물질로 광합성을 할 수 있게 해줘요.

오이듐: 곰팡이균으로 인해 발생하는 병으로 균사체가 잎과 가지를 흰색 가루의 형태로 뒤덮어요.

유기농 비료: 천연 재료(유기질, 광물질, 또는 동물성)로 만든 비료.

유기질 비료: 질소, 인, 칼륨이 함유되어 있으며 식물성 재료를 썩혀서 만든 비료.

두해살이 식물: 싹을 틔우고 꽃을 피우고 씨를 맺는 한살이가 2년 안에 이루어지는 식물.

이랑: 논이나 밭을 갈아 골을 타서 두둑하게 흙을 쌓아 만든 둑.

인산칼슘: 인을 포함하고 있는 화합물로 꽃이 피고 열매를 맺는 데 도움을 줘요.

일년생 식물: 싹을 틔우고 꽃을 피우고 씨를 맺는 한살이가 1년 안에 이루어지는 식물.

잔뿌리: 원뿌리에서 돋아난 가늘고 연약한 뿌리로 뿌리털이 나 있어요.

잡종형성: 서로 다른 개체를 인위적으로 수분시켜 새로운 품종을 얻는 작업.

정화 꽃눈: 가지 끝에 단독으로 핀 꽃봉오리.

질산염: 질산이 함유된 화합물로 잎의 성장을 도와요.

짚덮기: 수분의 증발을 막고 잡초가 자라는 것을 억제하기 위해 식물의 밑동 부분에 짚을 덮어 보호층을 만드는 작업(소나무 껍질, 카카오 껍질, 분쇄한 낙엽 등).

초본식물: 지상부 줄기에 목질을 형성하지 않는 식물.

탄산칼륨: 칼륨을 함유하고 있는 화합물로 식물의 성장에 반드시 필요해요.

토피어리: 공모양, 원뿔모양, 동물모양 등 특정한 모양을 만들기 위해 일부 식물(회양목 등)을 자르고 다듬는 기술.

통로: 식물에 접근할 수 있도록 임시로 만들어놓은 작은 길.

퇴비: 영양성분이 함유된 짚, 낙엽 등을 썩혀서 만든 비료.

파종 구멍: 씨앗이나 구근을 심는 작은 구멍.

품종선별: 개발하고자 하는 특성(색깔 등)을 보이는 식물을 골라 새로운 품종을 얻는 방법.

화학비료: 특수화학공장에서 인공적으로 합성하여 만든 질소, 인, 칼륨이 포함된 비료.

휘묻이: 식물을 인공적으로 번식시키는 방법 중의 하나. 나무에 달려 있는 가지를 자르지 않고 그대로 땅에 휘어 묻어서 뿌리를 내리게 한다. 가지가 길고 잘 휘는 나무번식에 사용해요.

히스토: 히스꽃(에리카)이 분해되어 생성된 토양으로 석회질이 없는 일종의 산성토라 할 수 있어요.

색인

정원일지

이 페이지는 우리가 정원에서 경험한 것들을 기록해 기억할 수 있게 해주는 공간이에요. 여기에 식물을 식재한 과정과 식물이 변화하는 모습을 기록하면 정원에서 일어난 모든 일들을 하나도 놓치지 않고 기억할 수 있을 거예요. 개화와 수확도 정원을 가꾸며 할 수 있는 특별한 경험이니 기록해두면 좋을 거예요!

날짜	식재한 식물	개화일/수확일

특이사항

참고사항

사진과 그림의 저작권

Photographies

Biosphoto

Frédéric Didillon : p. 63 (상단), p. 76 (하단), p. 79 (상단), p. 86, p. 114, p. 113 (상단), p. 115, p. 155 (우측 하단), p. 178, p. 188 (우측 하단), p. 191 (하단).

Friedrich Strauss : p. 16, p. 32, p. 36-37, p. 38, p. 40, p. 42, p. 45, p. 49, p. 52, p. 72 (하단), p. 80, p. 82 (상단, 하단), p. 185 (상단), p. 210, p. 211. P. 10-11 Louise A. Heusinkveld/GWI ; p. 17 NouN ; p. 19 Visions Pictures ; p. 24 D. Waters/GO Vision/GraphicObsession ; p. 33 (상단) Visions Pictures, (중앙) S. Schwarz/Flora Press ; p. 35 José A. Martinez ; p. 44 A. Descat ; p. 50 F. Merlet/SPL ; p. 51 Elburg Botanic Media/Visions Pictures ; p. 55 N. A. Callow/Photoshot ; p. 56 Claudius Thiriet ; p. 60 A. Descat ; p. 61 Yann Avril ; p. 62 Philippe Giraud ; p. 63 (하단) Régis Domergue ; p. 66 A. Lawson/Flora Press ; p. 67 Rémy Courseaux ; p. 68 G. Bernard/SPL ; p. 69 M. O'Hara/Flora Press ; p. 72 (상단) N. Pasquel ; p. 73 G. Kidd/SPL ; p. 75 (상단) Rosenfeld Images Ltd./SPL, (하단) A. Petzold ; p. 76 (상단) Alain Even ; p. 77 Annick Maroussy ; p. 78 Oliv ; p. 81 Y. Avril ; p. 84 NouN ; p. 88-89 J. Bricourt ; p. 91 (상단) G. Le Scanff & J.-C. Mayer ; p. 99 C. Thiriet ; p. 101 A. Lawson/Flora Press ; p. 102 (하단) P. Giraud/Biosgarden ; p. 103 Alain Kubacsi ; p. 106-107 NouN ; p. 110 (상단) Jenny Lilly/GWI ; p. 111 (하단) E. Gonnet ; p. 113 (하단) E. Janes/Photoshot ; p. 116 (상단) A. Kubacsi ; p. 118 NouN ; p. 119 (상단), p. 120 N. Pasquel ; p. 122 N. Pasquel/Flora Press ; p. 126 (상단) J.-Y. Grospas ; p. 125 N. Pasquel/Flora Press ; p. 132 J. Douillet ; p. 136-137 P. Giraud ; p. 138 (상단) A. Descat ; p. 142 (하단) G. Le Scanff & J.-C. Mayer ; p. 145 Y. Avril ; p. 147 (상단) NouN ; p. 150 (좌측 상단) J.-M. Groult ; p. 151 Digitalice ; p. 158 (상단), p. 160 (중앙), p. 161 P. Giraud/Biosgarden ; p. 166 (중앙) NouN/F. Strauss ; p. 168 (상단) A. Petzold ; p. 169 (상단) G. Lacz ; p. 174 Steffen Hauser/GWI ; p. 175 (우측) N. Pasquel ; p. 177 (상단) NouN ; p. 179 (하단) A. Descat ; p. 183 (중앙) Dave Bevan/GWI, (하단) D. Bringard ; p. 184 (좌측 상단) Nova Photo Graphik/Flora Press, (좌측 하단) Liz Cole/GWI ; p. 185 (하단) Trevor Sims/GWI ; p. 187 (상단) J. Glover/Flora Press, (하단) T. Sims/GWI ; p. 188 (우측 상단) Jacqui Dracup/GWI, (좌측 하단) L. Cole/GWI ; p. 189 (좌측 상단) Rita Coates/GWI, (우측 상단) S. Drozd Lund ; p. 190 (상단) G. Le Scanff & J.-C. Mayer, (하단) Steffen Hauser/GWI ; p. 194 (좌측 상단) Visions Botanical/Visions Pictures ; p. 196 (하단) D. Vazquez/Flora Press ; p. 207 (우측) T. Sims/GWI ; p. 209 (상단) Garden World Images ; p. 214 N. Pasquel ; p. 216 Régine Rosenthal ; p. 218 (하단) C. Thiriet ; p. 220 (하단) L. Edison/Flora Press ; p. 222 (하단) G. Le Scanff & J.-C. Mayer ; p. 225 (하단) Michel Bureau ; p. 226 (상단) A. Le Toquin ; p. 228 (상단) L. Edison/Flora Press ; p. 229 (하단) N. Pasquel ; p. 230 (하단) F. Tournay ; p. 231 (상단) J. Fry/SPL, (좌측 하단) P. Williams/Funkystock/imageBROKER ; p. 234 D. Bringard ; p. 235 J.-B. Strobel.

Fotolia

P. 231 (우측 하단) borisb17.

Getty Images

P. 227 Micheline Pelletier Decaux.

iStock

P. 13 Symblont ; p. 26 gfed ; p. 27 (상단) HannamariaH, (하단) Phat-T ; p. 28 SteveBPhotography ; p. 29 pchoui ; p. 31 Jenniferphotographyimaging ; p. 43 odyphoto ; p. 70 Tobias Schwarz ; p. 90 margouillatphotos ; p. 91 (하단) Wavebreakmedia ; p. 108 Rawpixel ; p. 119 (하단) 49pauly ; p. 140 (상단) Goldhafen ; p. 150 (중앙 상단) Floortje ; p. 154 fotokris ; p. 170-171 HallShadow ; p. 191 (상단) Stephan Zabel ; p. 212-213 snowshill ; p. 215 (상단) Oktay Ortakloglu, (좌측 하단) omersukrugoksu, (우측 하단) OSTILL ; p. 217 (상단) swedewah, (하단) GCShutter ; p. 218 (상단) PeopleImages ; p. 219 FangXiaNuo ; p. 220 (상단) LuckyBusiness ; p. 222 (상단) BraunS ; p. 223 mlink ; p. 224 PeopleImages ; p. 225 (상단) vuk8691 ; p. 228 (하단) Roberto A. Sanchez ; p. 229 (상단) deb22 ; p. 230 (상단) JacobH ; p. 232 emholk.

Lamontagne

P. 92 ; p. 94 (상단, 하단) ; p. 95 ; p. 96 ; p. 100 (상단, 좌측 하단, 우측 하단) ; p. 100 ; p. 102 (상단) ; p. 110 (하단) ; p. 111 (상단) ; p. 116 (하단) ; p. 117 (상단, 중앙, 하단) ; p. 140 (중앙) ; p. 147 (중앙) ; p. 148 (하단) ; p. 152 (상단, 중앙) ; p. 156 ; p. 157 ; p. 163 (하단) ; p. 168 (중앙) ; p. 169 (좌측 중앙) ; p. 172 ; p. 173 (좌측, 우측) ; p. 175 (좌측) ; p. 176 (상단, 하단) ; p. 177 (좌측 하단, 우측 하단) ; p. 179 (상단) ; p. 180 (좌측 상단, 우측 상단, 하단) ; p. 181 (상단, 좌측 하단, 우측 하단) ; p. 182 ; p. 183 (상단) ; p. 184 (우측 상단, 우측 하단) ; p. 186 parc floral d'Apremont ; p. 188 (좌측 상단) ; p. 189 (하단) ; p. 192 (상단, 중앙) ; p. 194 (우측 상단) ; p. 195 (상단, 좌측 하단, 우측 하단) ; p. 196 (상단) ; p. 197 (좌측 하단, 우측 하단) ; p. 198 ; p. 199 (좌측 하단) ; p. 201 (좌측 하단, 우측 하단) ; p. 202 (상단, 하단) ; p. 203 (상단, 하단) ; p. 204 ; p. 205 (상단, 하단) ; p. 206 (상단, 하단) ; p. 207 (좌측) ; p. 208 ; p. 209 (중앙, 하단).

Milan/D. Chauvet

P. 71 ; p. 79 (하단) ; p. 109 ; p. 121 ; p. 124 (좌측 중앙) ; p. 142 (상단) ; p. 144 ; p. 146 ; p. 148 (상단) ; p. 155 (좌측 하단) ; p. 158 (중앙) ; p. 159 ; p. 160 (상단) ; p. 162 (상단, 중앙) ; p. 163 (상단) ; p. 166 (상단) ; p. 193 ; p. 194 (하단) ; p. 199 (우측 하단).

Photononstop

P. 58-59 Johnér.

Illustrations

Toutes les illustrations des activités et des copains sont de **Laurent Audouin**.

Corine Delétraz
P. 67 ; p. 71 ; p. 92-93 ; p. 115 ; p. 173 ; p. 186 ; p. 190 ; p. 192 ; p. 193 (좌측 중앙) ; p. 241 (상단) ; p. 242 (하단) ; p. 245 (상단) ; p. 247 (상단).

Anne Eydoux
P. 16 ; p. 17 ; p. 18 ; p. 20 ; p. 21 (상단, 우측 중앙, 좌측 중앙) ; p. 22 (하단) ; p. 23 (우측) ; p. 25 ; p. 30 ; p. 32-33 ; p. 45 ; p. 51 ; p. 53 ; p. 57 (상단) ; p. 96 (좌측 중앙, 우측 중앙, 우측 하단) ; p. 98 (우측 중앙) ; p. 99 ; p. 241 (중앙) ; p. 242 (상단) ; p. 243 (상단) ; p. 244 (상단).

Noël Gouilloux
P. 43 ; p. 48 (상단) ; p. 64-65 ; p. 69 ; p. 83 (상단, 중앙 상단, 중앙) ; p. 84 ; p. 85 (상단) ; p. 87 ; p. 240 (상단).

Jean Grosson
P. 96 (좌측 하단) ; p. 100-101 ; p. 241 (하단).

Nathalie Locoste
P. 13 ; p. 16 ; p. 98-99 ; p. 116-117 ; p. 120 ; p. 122-123 ; p. 124 ; p. 138-139 ; p. 141 (상단) ; p. 142 (우측 중앙) ; p. 144 ; p. 146 ; p. 149 (하단) ; p. 150 ; p. 152 ; p. 153 (우측 중앙) ; p. 154 ; p. 155 (좌측 중앙) ; p. 156 ; p. 157 (좌측 상단) ; p. 158 ; p. 159 ; p. 160 ; p. 161 (좌측 상단) ; p. 164-165 ; p. 167 (상단, 중앙) ; p. 169 (우측 중앙) ; p. 197 ; p. 198 ; p. 200 ; p. 201 ; p. 203 ; p. 204 ; p. 205 ; p. 206 ; p. 240 (중앙) ; p. 240 (하단) ; p. 242 (중앙) ; p. 243 (하단) ; p. 244 (하단) ; p. 245 (하단).

Jean-Claude Sennée
P. 7 ; p. 97 (상단) ; p. 98 (좌측 상단, 좌측 중앙, 좌측 하단).

Couverture
Illustrations et photographies sont numérotées de haut en bas.
Illustrations de Benjamin Flouw (pour l'arrosoir en p. 1), Laurent Audouin (1.1, 1.4, 1.5, 4g.4), Noël Gouilloux (1.2, 4g.1), Anne Eydoux (1.3, 4g.2, 4g.7), Nathalie Lacoste (4g.6).
Les photographies sont de D. Chauvet/Milan sauf : 4d.1 D. Waters/GO Vision/Bios ; 4d.2, 4d.3 Lamontagne.